La Collection des Plus Belles Histoires

Sciences et Découvertes

TGV

En route vers le futur
25 ans de passion

Philippe MIRVILLE

Timée-Editions

« Des livres ouverts sur Internet »
www.timee-editions.com

ISBN : 2-915586-69-1
Dépôt légal : août 2006

Imprimé en Italie

« Le TGV est un succès absolument phénoménal considéré par les Français
comme un élément essentiel de leur vie,
c'est un service de très grande qualité toujours en progrès,
c'est un produit d'avenir »

Louis Gallois, Président de la SNCF (de 1996 à 2006)

Introduction

En 2006, la SNCF fête 25 ans d'exploitation du TGV. Réussite technique exemplaire, mais aussi véritable succès commercial, le TGV fait partie de la vie quotidienne des Français.

Dès sa création le 1er janvier 1938, la Société Nationale des Chemins de fer Français se fixe comme objectif constant d'offrir de meilleurs services tant pour le transport des marchandises que pour celui des voyageurs. A la fin de la Deuxième Guerre mondiale, elle entreprend l'électrification de la ligne de Paris à Lyon pour améliorer les temps de parcours de l'artère la plus chargée du réseau, mais on est encore loin de la grande vitesse sur rails. Cependant des ingénieurs de l'entreprise vont donner au train des idées d'avance. Ils entreprennent en 1955 une série d'expériences qui permet à la SNCF de remporter le record mondial de vitesse sur rails en atteignant 331 km/h, mais aussi d'acquérir de nombreuses connaissances techniques pour assurer l'avenir du transport ferroviaire.

Dans les années 1960, la concurrence entre les divers moyens de transport devient réelle. Si le chemin de fer a permis la révolution industrielle au XIXe siècle, il n'est plus le seul moyen de transport. On a désormais le choix entre le train, l'avion qui ne fait plus peur et dont les prix deviennent de plus en plus attractifs, et la voiture automobile synonyme de facilité de voyage et de liberté. Pour certains, le train est voué à l'échec. Moyen de transport désuet, il ne devrait pas passer le cap du XXIe siècle.

Mais la SNCF n'a pas la même analyse. Dès 1966, elle crée la Direction de la Recherche pour appliquer les nouvelles technologies au transport ferroviaire. Elle imagine le turbotrain sur rails, issu de la technique aérienne, tandis qu'apparaît l'aérotrain sur coussin d'air. La crise pétrolière de 1974 impose le choix de la traction électrique pour les futurs trains à grande vitesse : le programme TGV est lancé.

Qui aurait pu penser le 27 septembre 1981, alors que les rames TGV orange effectuent 13 allers-retours quotidiens entre Paris et Lyon, que 25 ans plus tard TGV totaliserait un milliard deux cents millions de voyageurs transportés ?

TGV Sud-Est, Atlantique, Nord Europe, Rhône-Alpes, Méditerranée et Est, les lignes nouvelles se succèdent pour former le véritable Réseau TGV. Le TGV franchit les frontières : il dessert la Suisse, l'Italie, la Grande-Bretagne, les Pays-Bas, la Belgique, l'Allemagne. Plus de 400 rames ont été construites par Alstom pour la SNCF. Le train à grande vitesse et le savoir-faire français en matière ferroviaire s'exportent jusqu'en Corée. Et les projets ne manquent pas tant au niveau des lignes nouvelles, des matériels et des services aux clients. TGV modifie également la carte de France et de l'Europe, il est facteur d'aménagement du territoire en rapprochant des millions d'Européens. TGV devient aussi une véritable marque avec sa signature « TGV, prenez le temps d'aller vite ».

L'histoire du TGV est constituée de milliers d'histoires. L'auteur de cet ouvrage en a sélectionné 50. Il ne s'agit pas de vous présenter de manière exhaustive l'historique du train le plus rapide du monde, mais de jalonner les principales étapes de ce qui a transformé le chemin de fer et la SNCF.

Train du troisième millénaire, témoin de l'excellence française en matière de technique et d'exploitation ferroviaire, TGV continue son histoire. Le train le plus rapide du monde n'a pas fini de nous étonner et de nous passionner. ■

Sommaire

SNCF

1 À la conquête de la vitesse

Rouler de plus en plus vite,
mettre de moins en moins
de temps, c'est l'objectif de la
SNCF pour développer son trafic.
Il faut un train moderne
et rapide.
Entre deux techniques,
l'aérotrain et le turbotrain,
la SNCF en choisit
une troisième : le TGV.
Il est tout électrique,
crise pétrolière oblige.

La CC 7107 et la BB 9004, 50 ans plus tard, sur la ligne des Landes.

Augmenter la vitesse des trains

C'est le 1er janvier 1938 que la SNCF naît de la fusion des réseaux des cinq grandes compagnies de chemin de fer : compagnies du Nord, de l'Est, du Paris-Lyon-Méditerranée, du Paris-Orléans et du Midi. Ses premières années sont marquées par la Seconde Guerre mondiale avec de nombreuses destructions et d'innombrables pertes humaines. La SNCF doit reconstruire son réseau, mais aussi faire face à la concurrence.

L'un des premiers grands chantiers de la SNCF est de moderniser les trains de voyageurs sur l'axe de Paris à Lyon, une ligne à très fort trafic voyageurs et marchandises. Louis Armand, Directeur Général de la SNCF, décide son électrification en 1500 Volts continu et commande trois types de locomotives 2D2 9100, CC 7100 et BB 9000 pour des services différents :

trains lourds de marchandises, trains express mais aussi trains rapides à des vitesses et des tonnages différents. Mais pour lutter notamment contre la concurrence, la SNCF doit augmenter la vitesse de ces trains, qui ne dépassent guère les 120 km/h, afin de réduire les temps de parcours.

« On faisait le signe de croix avant de monter ! » Fernand Nouvion, Ingénieur en Chef à la Direction du Matériel

A partir de 1954, Fernand Nouvion, Ingénieur en Chef à la Direction du Matériel, entreprend plusieurs campagnes d'essais qu'il qualifie d'expériences à grande vitesse. Cela permet à la SNCF d'approfondir ses connaissances dans le domaine de la grande vitesse ferroviaire. Les 28 et 29 mars 1955, la vitesse de 331 km/h est atteinte entre Bordeaux et Morcenx et la SNCF remporte le record mondial de vitesse avec deux locomotives, la CC 7107 et la BB 9004.

Ce record fut un véritable exploit. Fernand Nouvion confiait son angoisse et celle des techniciens avant de prendre le départ : « On faisait le signe de croix avant de monter ! » Après la deuxième journée du record, la voie était complètement déformée. Si cet exploit paraît comme « fou » à cette époque, c'est certainement un point de départ pour tracer l'avenir de la SNCF pour de longues années. Les ingénieurs, par ces essais, ont « donné au train des idées d'avance ».

La CC 7107 atteint 331 km/h le 28 mai 1955 sur la ligne des Landes.

En roulant à 331 km/h en vitesse record en mars 1955, la SNCF est assurée de pouvoir faire circuler des trains de voyageurs à la vitesse de 140, puis 160 km/h en toutes conditions de sécurité. Elle peut envisager de continuer ses prospections vers la grande vitesse, la voie vers le TGV est ouverte.

La BB 9004 atteint 331 km/h le 29 mars 1955 sur la ligne des Landes.

Turbotrain TGV en gare de Bordeaux en 1972.

Aérotrain et Turbotrain

Dans les années 1960, le « train » ne semble plus, pour certains, être un moyen de transport capable de répondre aux besoins actuels de déplacement. La voiture et les autoroutes séduisent de plus en plus et l'avion devient une sérieuse concurrence sur des trajets « affaires ». La SNCF doit proposer des temps de parcours plus courts, donc des trains plus rapides.

Détentrice du record du monde de vitesse, la SNCF crée en 1966 le Service de la Recherche pour travailler sur la modernisation du système roue-rail. A la même époque, un ingénieur français, Jean Bertin, teste un aérotrain entre Orléans et Artenay. Il s'agit d'un véhicule sur coussin d'air guidé par une piste formée d'un « T » de béton renversé et propulsé par deux turbomoteurs entraînant une hélice. L'aérotrain atteint la vitesse de 417,6 km/h le 5 mars 1974.

On est loin de la technique roue-rails et la SNCF recherche de nouvelles solutions. Ses ingénieurs imaginent mettre la technologie aérienne au service du ferroviaire. Ils conçoivent le « turbotrain », un autorail doté de turbomoteurs Turboméca dérivés des hélicoptères ou des avions Bréguet. Roulant à la vitesse de

L'aérotrain de Jean Bertin.

160 km/h, ils évitent de lourdes dépenses d'infrastructure pour l'électrification des lignes. La consommation est plus élevée qu'un moteur diesel, mais la puissance est nettement supérieure. Les turbotrains « ETG » et « RTG » desservent la ligne Paris-Caen-Cherbourg à partir de 1970.

La SNCF vers la grande vitesse

Fort du succès de cette nouvelle technologie, la SNCF poursuit ses recherches et ses essais sur la grande vitesse. Elle prend livraison en 1972 d'une rame de turbotrain expérimental TGV 001 commandée à Alsthom-Brissoneau-MTE en 1969. Constitué de 2 motrices encadrant 3 voitures, elle est équipée de 4 turbomoteurs de type Turmo X. Le TGV 001 effectue plus de 2200 marches à des vitesses supérieures à 250 km/h et atteint 318 km/h le 8 décembre 1972, remportant le record du monde de vitesse en traction thermique. Afin d'abaisser le centre de gravité et pour un meilleur aérodynamisme, le TGV 001 adopte pour la première fois le principe de la rame articulée, l'extrémité de deux voitures reposant sur un seul bogie. Ce choix de conception fondamental sera appliqué à la construction de tous les futurs TGV de la SNCF, assurant ainsi une sécurité optimale de l'ensemble de la rame.

Crise pétrolière : le TGV devient électrique !

Alors que la technique du « turbotrain » est un succès technologique, la crise pétrolière de 1973 modifie le choix de motorisation des futurs trains à grande vitesse français. Par mesures d'économie d'énergie, Georges Pompidou décide le 6 mars 1974 la construction de la ligne nouvelle ferroviaire de Paris à Lyon, mais aussi de son équipement en traction électrique.

En 1974, la SNCF, qui maîtrise la grande vitesse sur rails en traction thermique, doit prolonger ses études en mettant au point le captage du courant par caténaire.

Si la technique « turbotrain » avait été retenue pour la ligne de Paris à Lyon, c'est plus de 5000 litres de carburant qui auraient été consommés par chaque turbotrain pour un trajet aller-retour entre Paris et Lyon ! La décision d'équiper en traction électrique les lignes à grande vitesse faisait envisager une économie annuelle de 150 000 tonnes de pétrole.

Du Turbotrain au train tout électrique

Pour un train électrique, contrairement à un turbotrain, le problème à résoudre est le suivant : pour obtenir le courant nécessaire à son alimentation électrique (pour les moteurs de traction, l'éclairage des rames, l'alimentation de la climatisation et de divers équipements), la locomotive d'un train est équipée sur sa toiture d'un système articulé dénommé « pantographe » frottant en position « levée » sur un fil de cuivre placé au-dessus de la voie qui fournit du courant en provenance d'une sous-station.

Pour transformer le Turbotrain en Train électrique à grande vitesse, divers essais sont menés par la SNCF à partir de 1974. On teste de nouveaux bogies, des patins de frein à courant de Foucault et la captation du courant électrique par caténaire avec un pantographe spécialement mis au point « à double étage » (AMDE allégé monophasé à double étage). Ce système articulé placé sur la toiture du TGV permet un appui permanent de l'archet frottant sur le fil de contact de la caténaire grâce à deux débattements différents offrant une qualité de captage de courant excellente, clé du succès du TGV électrique pour des vitesses de l'ordre de 300 km/h.

L'automotrice Zébulon Z 7001 teste les pantographes du TGV

Pour capter le courant, des pantographes doivent être installés sur le toit du TGV 001.

La ligne à grande vitesse en Belgique au nord d'Anvers (2006).

Le concept TGV

1976 marque un tournant dans l'histoire ferroviaire française. La SNCF choisit son avenir qui va lui apporter le succès commercial que l'on connaît. Après le turbotrain, elle met au point un train tout électrique capable de circuler à des vitesses commerciales de l'ordre de 300 km/h. Le TGV, Turbotrain à Grande Vitesse, devient le TGV, Train électrique à Grande Vitesse.

Le TGV relève d'un choix de plusieurs composantes qui vont aboutir à la construction d'un système de transport ferroviaire moderne adapté à la demande des voyageurs :

- lignes nouvelles dédiées à la grande vitesse avec des rampes maximales de 3,5%, clôturées par des grillages, avec des installations de sécurité télécommandées depuis des postes d'aiguillage et de régulation (PAR),

- vitesse de 300 km/h sur l'ensemble des lignes nouvelles,

- raccordement avec l'ensemble du réseau ferroviaire permettant aux rames TGV une compatibilité totale : circuler à grande vitesse sur lignes dédiées et à la vitesse maximale des autres trains sur toutes les autres lignes électrifiées, évitant toute rupture de charge,

- rames automotrices électriques avec deux motrices encadrant des remorques assemblées en « rame articulée », soit un bogie sur lequel reposent deux extrémités de voitures, un équipement bi-courant pour les autoriser à circuler sur l'ensemble des lignes électrifiées (1500 Volts continu et 25 000 Volts alternatif 50 Hz), ou tri ou quadri-courant pour les rames destinées à assurer des liaisons internationales (3000 Volts pour l'Italie et la Belgique, 15 000 Volts 16 2/3 Hz pour la Suisse et l'Allemagne),

- la grande vitesse accessible à la 1ère et à la 2e classe avec réservation obligatoire, apportant au client l'assurance d'un voyage confortable,

- desserte en réseau sur l'ensemble de la France.

Ce choix décisif pour l'avenir du chemin de fer mérite d'être salué. En effet, pourrions-nous imaginer, si la technique « turbotrain » avait été adoptée, l'atmosphère d'un vendredi soir en gare de Paris Lyon : plus de 10 Turbotrains en double rame équipés chacun de 4 turbines à gaz en attente de départ, soit 40 turbines en action sous la verrière de la gare ! Une pollution assurée pour les riverains et les voyageurs, loin des principes de développement durable et d'environnement indispensables pour l'avenir de notre planète.

Entre performance et souci environnemental, la SNCF fait le choix du « tout électrique »

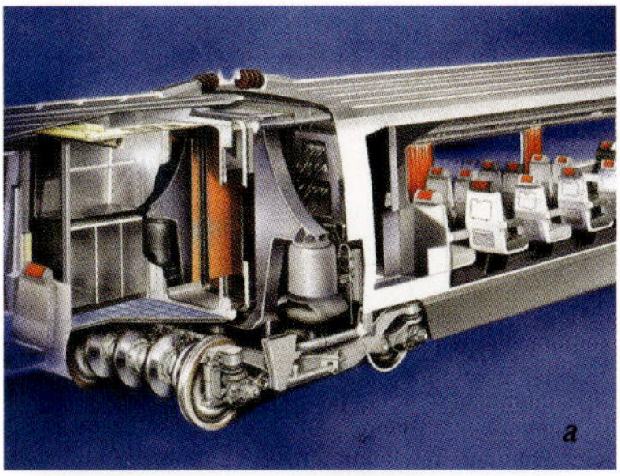

a. Schéma de l'anneau d'intercirculation entre 2 remorques TGV.

b. Bogie et anneau d'intercirculation d'un TGV Duplex.

2 Le TGV « orange »

Pour relier Paris à Lyon
en 2 heures, il faut une ligne
nouvelle réservée aux TGV.
En 1981, les rames « orange »,
symbole des premiers TGV,
circulent tous les jours,
par tous les temps à 260 km/h.

TGV Sud-Est sur la ligne Paris-Lyon à 270 km/h (1984).

Paris-Lyon : 419 km à grande vitesse

En 1976, la ligne TGV Paris-Sud-Est est déclarée d'utilité publique, une ligne pour les trains à grande vitesse pour relier Paris à Lyon. Objectif : y faire rouler des TGV électriques à 260 km/h et réduire le temps de parcours de moitié entre les deux villes. Paris se trouve à 2 heures de TGV de Lyon : la carte de France se modifie.

Diplôme TGV remis aux voyageurs par la SNCF en 1981.

Avant 1981, la SNCF exploite entre Paris et Lyon une ligne construite sous Napoléon III (ligne Impériale PLM). Elle dessert Lyon mais aussi les Savoies, l'Italie, la Provence, la Côte d'Azur et le Languedoc Roussillon. Pour doubler cet itinéraire saturé, la construction d'une ligne ferroviaire à grande vitesse s'impose. Après les études, les concertations et les choix, arrive l'instant des décisions concrètes.

1976 est « l'année du TGV » pour la SNCF. Le 12 février, elle commande 87 rames de TGV électrique auprès d'Alsthom et Francorail MTE et le 23 mars, la DUP (Déclaration d'Utilité Publique) de la ligne à grande vitesse Paris-Lyon est prononcée. Le premier coup de pioche est donné près de Montchanin le 7 décembre.

419 km de ligne à grande vitesse TGV Sud-Est (N° 1) se construisent entre Combs la ville (26 km de Paris) et Sathonay (8 km de Lyon) avec un embranchement de 15 km à Pasilly (Yonne) pour rejoindre Montbard et desservir Dijon. Cette ligne dédiée intégralement aux TGV est particulière : emprise large de 13 mètres délimitée par des clôtures hautes de 2 mètres évitant toute pénétration de personnes ou d'animaux, aucun passage à niveau, ponts dotés de dispositifs de détection de chutes éventuelles de véhicules et courbes à rayon minimal de 4000 mètres. Afin d'éviter la construction de tunnels et en fonction de la traversée du Morvan relativement accidentée, les rampes et les pentes atteignent des valeurs de 3,5 % (très fortes en transport ferroviaire).

Lyon à deux heures de Paris : le défi technologique est de taille

Pour tenir compte de l'environnement, la ligne est construite à plus de 100 mètres des agglomérations et parallèlement à la future autoroute A5 entre Melun et Sens et à la route express Suisse-Océan entre Mâcon et Cluny. Les acquisitions de terrains concernent 6000 propriétés sur 172 communes. 500 ouvrages d'art dont 10 viaducs franchissent les routes, les cours d'eau et les autres voies ferrées. Ces travaux représentent un investissement de 2,8 milliards de francs (valeur de janvier 1981).

Enveloppe 1er jour éditée à l'occasion de la mise en service du 1er TGV le 27 septembre 1981.

La dernière rame TGV « orange » avant modernisation en gare de Lille (2001).

87 rames TGV « orange » pour Paris-Lyon

Pour la nouvelle ligne Paris-Lyon, la SNCF commande 87 rames électriques TGV. Elles doivent rouler à 260 km/h, mais aussi être capables de circuler sur l'ensemble du réseau électrifié : un choix judicieux qui assure au quotidien le succès du système et du réseau TGV.

C'est le 12 février 1976 que la SNCF passe une première commande de 87 rames auprès de Alsthom-Atlantique et Francorail-MTE. Le cahier des charges précise que le TGV doit être capable de rouler à 260 km/h afin de relier Paris à Lyon en 2 heures tout en étant suffisamment motorisé pour gravir des rampes de 3,5%.

Le TGV est composé de 8 remorques et deux motrices au profil aérodynamique. L'extrémité de chaque remorque repose sur un seul bogie qui supporte un anneau d'intercirculation assurant la rigidité de l'ensemble de la rame, une particularité qui n'existe que sur le TGV. Cette technologie permet d'abaisser le centre de gravité et offre un plus aux voyageurs : aucun d'entre eux n'est assis sur les roues. Cette conception sera retenue pour toutes les autres rames TGV Atlantique, Nord, Eurostar, Thalys et Duplex.

Un TGV mesure 200 mètres et pèse 400 tonnes. Il peut circuler seul ou jumelé avec une autre rame grâce à un attelage automatique. Chaque TGV (375 places assises) est composé de 3 voitures de 1ère classe (135 places), 1 voiture bar et 4 voitures de seconde classe (240 places). Cette composition est identique pour tous les TGV (sauf le TGV Atlantique qui comporte deux remorques supplémentaires). Les sièges sont en tissu jersey de couleur orange et marron foncé en première classes et en texoïd de couleur verte ou bleue foncé en seconde. Toutes les voitures sont à couloir central et équipées de climatisation. La livrée extérieure est de couleur orange avec bande blanche et grise.

Les divers composantes du TGV, moteurs, vitres, sièges, roues, climatisation, proviennent de 25 usines de divers fournisseurs répartis sur l'ensemble du territoire. Le tout est assemblé chez Alsthom à Belfort.

La première rame effectue ses premiers tours de roues entre Belfort et Dijon le 24 juillet 1978, et la deuxième le 12 décembre 1978. Patrick et Sophie (leur nom de code pour les liaisons radio) effectuent leurs premiers essais de vitesse dans la plaine d'Alsace avant de tester la ligne Paris-Lyon à partir du 1er septembre 1980.

Dès le 1er septembre 1980, « Patrick » et « Sophie » ouvrent la voie de la grande vitesse

L'intérieur d'une remorque de 2e classe d'une rame TGV Sud-Est : sièges texoïd verts et bleus.

La rame 16 du TGV Sud-Est atteint les 380 km/h à Pasilly dans l'Yonne le 26 février 1981.

Record de vitesse à 380 km/h

26 février 1981, 15h45, Moulins-en-Tonnerrois dans l'Yonne : un TGV atteint 380 km/h. Un flash d'information de l'AFP arrive dans toutes les rédactions des médias : « la SNCF a porté le record mondial de vitesse (qu'elle détient depuis 1955) à 380 km/h en faisant circuler une rame TGV sur la ligne nouvelle entre Tonnerre et Saulieu ».

Alors que la mise en service commercial du premier TGV est prévu pour le dimanche 27 septembre 1981, la SNCF souhaite, en février, réaliser une série de marches d'essais à très haute vitesse sur l'infrastructure nouvelle pour plusieurs raisons :

- le désir de montrer aux futurs clients que le fait de rouler à 260 km/h laisse une marge de sécurité importante,

- le souhait de marquer de façon nette le très haut niveau atteint par la technologie ferroviaire,

- et de façon plus profonde, le désir de prouver concrètement que les possibilités du chemin de fer dans le domaine des grandes

Avec le TGV, la SNCF pulvérise le record mondial de vitesse qu'elle détient depuis 1955

vitesses sont encore loin d'être épuisées.

La vitesse de 380 km/h apporte des résultats très optimistes sur la maîtrise de la grande vitesse.

La rame TGV Sud-Est N°16 subit quelques modifications : changement des rapports d'engrenages des ponts moteurs, augmentation du diamètre des roues motrices, retrait de 3 voitures sur les 10 pour diminuer la masse et la résistance à l'avancement. Le réglage de la tension des moteurs de traction est augmenté pour que la puissance de traction des 12 moteurs se situe à 10 000 kW.

La rame TGV est équipée d'appareils contrôlant la stabilité, la vitesse, les bogies, les températures des boîtes d'essieux, les efforts transversaux et verticaux sur la voie, le captage du courant, le confort, l'adhérence roue-rail et les effets aérodynamiques.

Les essais se déroulent sur 62 kilomètres de ligne à grande vitesse dans l'Yonne autour de Pasilly. La tension de la caténaire est augmentée à 29000 volts.

Les essais débutent le 25 février. Les résultats sont aussitôt dépouillés, interprétés et rassemblés avant le parcours suivant. Plusieurs circulations permettent à la rame TGV n° 16 de rouler à 310, 328, 340, 360 et 371 km/h, avant d'atteindre 380 km/h : le record du monde de 1955 (331 km/h) est pulvérisé : la SNCF peut mettre en service le TGV le 27 septembre 1981, en toute sécurité, à la vitesse de 260 km/h.

380 km/h affiché en cabine de conduite de la rame 16 : record du monde.

Passage de la rame 16 du TGV Sud-Est à la vitesse de 380 km/h devant les journalistes à Pasilly dans l'Yonne.

Voir passer un TGV dans l'Yonne

C'est ainsi que la SNCF invite les journalistes pour un événement ferroviaire exceptionnel. Le rendez-vous est fixé sur un pont au-dessus de la ligne nouvelle à hauteur de Pasilly dans l'Yonne. A 15h41, la rame 16 du TGV Sud-Est remporte le record mondial de vitesse sur rails à 380 km/h.

A 15h05, le jeudi 26 février 1981 à Pasilly dans l'Yonne, plus d'une centaine de journalistes attendent l'événement : la circulation à très grande vitesse de la rame TGV n° 16. L'équipe de conduite est composée de Gabriel Jacquot, Henri Dejeux, André Cossié, Daniel Levert et Jacques Ruiz. Mais l'événement est maintenant imminent.

A 15h25, tout est prêt et rien ne s'oppose à la mise en route du TGV garé à quelques kilomètres. La vitesse visée par l'opération appelée C 100 est de 360 km/h, soit 100 mètres par seconde, et même plus si tout se passe bien. 15h28 : Jean-Marie Metzler prend le micro et annonce : « chef d'essai à cabine de conduite : départ ». La rame 16 s'élance en direction de Pasilly, elle atteint 340, 360, 370 puis 380 km/h à hauteur de Moulins-en-Tonnerois, juste après être passée sous le pont où ont pris place les journalistes.

Il est 15h41 : le record mondial de vitesse est battu.

Après cette circulation « record », le TGV revient à Pasilly sous les applaudissements des journalistes. Ils sont invités à prendre place à bord pour effectuer un nouveau trajet à plus de 300 km/h. La rame 16 s'élance à nouveau. Après 4 minutes, elle atteint 331 km/h, mais la présence détectée d'un photographe près de la voie l'oblige à ralentir. Reprenant sa montée en vitesse, la rame 16 atteint la vitesse de 364 km/h avant d'entamer sa séquence d'arrêt. Même si la vitesse record de la marche précédente n'a pas été une nouvelle fois atteinte, les médias présents à bord font l'éloge de ce parcours en TGV avec un confort irréprochable.

Un moment inoubliable de l'histoire des chemins de fer français salué par les plus hauts personnages de l'Etat : « Le record du monde de vitesse sur rail qui vient d'être battu par la SNCF apporte à tous la démonstration de l'excellence de la technologie française, de la qualité de notre industrie et de la maîtrise de l'entreprise nationale. » (Valéry Giscard d'Estaing, Président de la République)

« Le record du monde de vitesse sur rail qui vient d'être battu par la SNCF apporte à tous la démonstration de l'excellence de la technologie française »

Valéry Giscard d'Estaing

25 ans plus tard, la rame 16 reçoit un bandeau anniversaire.

Gagnez du temps sur le temps !

Dimanche 27 septembre 1981, Paris Gare de Lyon 6h30, une foule inhabituelle pour un dimanche matin envahit la gare : voyageurs, badauds et journalistes convergent tous vers la voie de départ du premier TGV commercial : le N° 807 part solennellement à 7h15 pour Lyon Perrache. 300 voyageurs de la SNCF vont circuler pour la première fois à 260 km/h, ils seront plus d'un milliard 25 ans plus tard.

Le mardi 22 septembre 1981, François Mitterrand, Président de la République, accompagné d'André Chadeau, Président de la SNCF, descendent de la rame 16 en gare de Le Creusot TGV après un parcours inaugural depuis Lyon en présence de la presse du monde entier.

Le dimanche 27 septembre, le premier TGV commercial part de la Gare de Lyon à 7h15 pour s'élancer à 260 km/h à travers le Morvan avec les premiers voyageurs français à grande vitesse. En fait, le tout premier TGV part à 6h50 dans l'autre sens de Lyon pour Paris.

Ce premier service de la SNCF à grande vitesse est composé de 13 allers-retours entre Paris et Lyon, mais comporte des dessertes directes de Paris à St Etienne, Genève, Dijon et

Besançon. La vitesse est de 260 km/h et le temps de parcours de Paris à Lyon Brotteaux est de 2h40, offrant un gain de temps de 1h05 pour le train le plus rapide, le Mistral.

En 1981, le TGV relie Paris à Lyon en 2h40

En 1981, les TGV n'empruntent la ligne nouvelle qu'à partir de Saint Florentin Vergigny sur 302 km. Il faut attendre le 25 septembre 1983 pour que la totalité de la ligne nouvelle Paris-Lyon soit exploitable sur ses 419 km. Le temps de parcours est alors réduit de moitié, soit 2h00 entre Paris et Lyon.

Les voyageurs découvrent immédiatement l'intérêt du TGV : rouler à grande vitesse sur une ligne nouvelle et desservir les gares du réseau national sans changement. On entre dans une nouvelle ère du voyage ferroviaire. Fini le temps des trains de luxe comme l'Orient Express et le Mistral. Le TGV est un train accessible à tous, moderne et climatisé. Il faut également prendre l'habitude de réserver sa place. Un petit guide distribué gratuitement reprend tous les horaires des TGV et des informations pratiques pour le voyage.

« Gagnez du temps sur le temps », la première campagne publicitaire est claire, en TGV on va plus vite qu'en avion et bien plus vite qu'en voiture. Le train va connaître un nouvel essor.

Publicités de la SNCF en 1981 :
« Gagnez du temps sur le temps »

Le TGV La Poste à Caen à l'occasion des « Pièces Jaunes » (2006).

Le TGV tout jaune comme La Poste

La mise en service du TGV entre Paris et Lyon supprime les trains où circulaient des wagons postes. Tenant compte des hausses du coût des carburants, les PTT signent en 1982 un contrat d'acquisition de TGV destinés au seul transport du courrier. Il ne passent pas inaperçus : il sont « tout jaune » aux couleurs de La Poste !

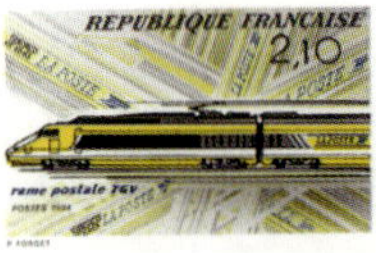

Le timbre émis en 1984 à l'occasion de la mise en service du TGV postal.

On se souvient des « wagons-poste » pour le transport et le tri du courrier. Avec les premiers TGV Sud-Est, la SNCF modifie son plan de transport obligeant les PTT à réexaminer l'acheminement des lettres et des petits colis. Avec la hausse du coût des carburants pour le camion et les problèmes de capacité des avions cargo, la Poste décide de miser sur le train à grande vitesse.

Comme il est impossible d'ajouter un « wagon-poste » à une rame TGV, les PTT décident de commander en 1982 deux TGV. Ils sont identiques à ceux de la SNCF : 2 motrices encadrant 8 remorques reliées par un anneau d'intercirculation. A l'intérieur, plus de fenêtres ni de voiture-bar, mais chacune est équipée d'une grande porte coulissante pour l'accès de trente conteneurs comprenant lettres, paquets et journaux pouvant atteindre un poids de 10 tonnes. Plus important que le poids des voyageurs, il entraîne un abaissement de la voiture d'environ 22 cm, la remorque n'est plus à hauteur du quai et les conteneurs ne peuvent plus être chargés ! La suspension à ressorts est donc remplacée par des vérins à air comprimé qui « lèvent »la caisse au fur et à mesure de son chargement.

Mis en service dès le 24 septembre 1984, les TGV La Poste circulent à 270 km/h entre Paris-Charolais et les centres de tri de Mâcon et de Cavaillon. En 1993, la Poste commande une troisième rame obtenue par la transformation d'un TGV de la SNCF.

Si nos lettres circulent aussi vite que par avion, elles consomment beaucoup moins de pétrole : 0,02 tonne équivalent pétrole pour le TGV (60 tonnes de courrier) contre 0,12 pour un avion (seulement 15 tonnes pour chaque vol).

La Poste se met à l'heure du TGV

Le TGV La Poste connaît une autre popularité. Depuis 1997, une rame sillonne chaque début d'année les principales gares de France pour récupérer les pièces jaunes, opération de la Poste et de la Fondation des Hôpitaux de France pour améliorer la qualité de vie des personnes hospitalisées.

Un des TGV La Poste à l'établissement matériel de Villeneuve St Georges (2006).

SNCF
359

3 La Bretagne et l'Atlantique à 300 km/h

Le jour de l'inauguration du premier TGV entre Paris et Lyon, le Président de la République donne le coup d'envoi d'une deuxième ligne vers la Bretagne et l'Atlantique. Le nouveau TGV bleu et argent remporte le record du monde absolu : 515,3 km/h, le 18 mai 1990.

Entre Paris et Massy Palaiseau, la ligne est recouverte d'un tunnel en béton pour accueillir au-dessus la coulée verte (1986).

Président, coulée verte et vignoble

Le 22 septembre 1981, François Mitterrand, Président de la République, inaugurant le TGV Sud-Est, demande à la SNCF de préparer le projet de TGV Atlantique qui reliera Paris à Rennes et Nantes en deux heures et Paris à Bordeaux en 3h. 8 ans plus tard, le TGV Atlantique traverse la Beauce à 300 km/h.

Les Présidents de la République aiment bien les grands travaux. Si la décision de construire le TGV revient à Georges Pompidou en 1974, c'est sous le septennat de Valéry Giscard d'Estaing qu'il est construit, mais c'est François Mitterrand qui l'inaugure en 1981. Celui-ci décide alors de demander à la SNCF de construire une deuxième ligne de TGV vers l'Ouest de la France. Le réseau TGV prend forme.

La déclaration d'utilité publique de la ligne Atlantique est prononcée le 5 juin 1985 pour un coût de 9,5 milliards de francs (valeur de 1985).

Pour que cette ligne soit rentable, il est décidé de la construire en « Y » afin de desservir à la fois l'Ouest de la France vers la Bretagne et le Sud-Ouest vers la façade Atlantique. La SNCF peut ainsi espérer drainer à la fois la clientèle affaire et la clientèle tourisme, les rapports des experts en témoignent.

287 km de lignes nouvelles sont construits de Paris au Mans et de Paris à Tours avec une bifurcation à Courtalain près de Vendôme. Des difficultés d'ordre environnemental apparaissent avant même les premiers travaux dans deux zones.

Le TGV à la conquête de l'Ouest

Tout d'abord en proche banlieue de Paris où le TGV doit être construit sur une ancienne plate-forme ferroviaire à partir des communes de Bagneux et Châtillon jusqu'à Massy Palaiseau. Les riverains de ces zones pavillonnaires souhaitent garder cet espace en coulée verte. On construit des tunnels et une tranchée couverte, le TGV est ainsi beaucoup plus discret en contournant le parc de Sceaux.

Près de Tours, la ligne doit traverser le secteur de Vouvray, réputé pour son vignoble, par un tunnel creusé dans le tuffeau près des caves où le vin se bonifie. Les vignerons craignent les effets néfastes des vibrations au passage des TGV. Une dégustation à l'aveugle de vin vibré et non vibré calme les esprits, les deux sont déclarés excellents. La ligne est tout de même construite avec un tunnel de 1496 mètres de long, évitant au maximum la proximité des caves.

Près du vignoble et des caves, le ligne TGV traverse un tunnel creusé dans le tuffeau (1987).

A 300 km/h, le TGV-A traverse la Beauce dans la brume hivernale en dépassant un TER (1998).

Traverser la Beauce, mais aussi des tunnels

La ligne Atlantique traverse la Beauce où le profil plat n'impose pas la construction d'ouvrages d'art importants. Le tracé est jumelé avec l'autoroute A 10 entre Massy Palaiseau et Dourdan pour limiter les impacts sur le paysage. Mais deux zones géographiques imposent une nouveauté pour une ligne TGV : la construction de tunnels, des ouvrages qui n'existent pas sur le TGV Sud-Est.

Près de Paris, pour franchir deux petites collines du sud de la capitale, celle de Fontenay et celle de Sceaux, on construit deux tunnels de 475 et 800 mètres de long. Ces ouvrages sont complétés par des tranchées bétonnées couvertes de terre pour créer une coulée verte. Les cyclistes et promeneurs peuvent ainsi rejoindre les environs de Massy Palaiseau depuis la porte de Vanves en passant près du château de Sceaux au travers d'espaces verts.

Le dernier relief du sud de l'île de France, avant le plateau du Hurepoix se situe dès la sortie de Massy Palaiseau. Il faut un tunnel pour franchir cet obstacle naturel. La présence de sable dit « de Fontainebleau » requiert une technique particulière : on construit deux galeries distinctes à voie unique longues chacune de 4800 mètres. Les tunnels ont une forme de tube d'une largeur portée à 8,24 mètres pour autoriser les TGV à circuler à grande vitesse en évitant le phénomène désagréable de la pression d'air. Pour évacuer le sable, les tunneliers sont équipés de système à pression de boue de béton : le sable enlevé est emporté par la boue jusqu'à l'extérieur du tunnel puis en est séparé. Le trou ainsi creusé est recouvert de voussoir en béton.

A proximité de Tours, la traversée d'une colline avant le franchissement de la Loire impose la construction d'un autre tunnel, celui de Vouvray. Cet ouvrage est exceptionnel, il est conçu à double voie pour pouvoir y autoriser le croisement de deux TGV circulant à la vitesse de 270 km/h, une première ! Long de 1496 mètres, sa largeur est portée à 11 mètres pour offrir une section de 71m2. Creusé dans le tuffeau avec un revêtement de béton, la voie est posée sur un tapis de caoutchouc anti-vibratoire pour ne pas troubler la quiétude des bouteilles et des vignerons du Val de Loire.

Obstacle de taille pour la ligne Atlantique : une « colline » du sud de la capitale

Les travaux de construction du tunnel de Villejust au sud de Massy Palaiseau (1988).

Le tunnelier attaque le percement du tunnel de Villejust (1986).

Un nouveau TGV bleu et argent

Pour desservir la ligne Atlantique, la SNCF commande auprès d'Alsthom une série de 105 rames TGV. Forts de l'expérience des premiers TGV, les ingénieurs mettent au point un matériel d'une technologie bien plus avancée faisant appel à l'informatique. Pour se différencier, le nouveau TGV a une nouvelle livrée bleu et argent.

Publicité SNCF à l'occasion de la mise en service du TGV-A.

Tenant compte d'une expérience de 5 ans d'exploitation de matériel à grande vitesse, les ingénieurs conçoivent, à l'occasion d'un appel d'offres lancé en 1984, un nouveau TGV plus performant, plus confortable et plus rentable.

105 rames Atlantique sont livrées entre 1988 et 1992. Elles entrent en service dès l'ouverture de la section Paris-Le Mans le 24 septembre 1989 avant de desservir la section Paris-Tours le 30 septembre 1990.

Ce nouveau TGV marque un pas dans le domaine de la grande vitesse : il est conçu pour rouler à 300 km/h. Il développe 8800 kW (6450 pour le Sud-Est) tout en étant équipé que de 8 moteurs triphasé autopilotés (12 moteurs à courant ondulé pour les premiers TGV). Le freinage est plus puissant et de nouveaux pantographes sont adaptés à cette nouvelle vitesse de pointe. La signalisation de cabine tient compte également de cette progression et l'informatique équipe de nombreux instruments de bord.

Le nouveau TGV ne passe pas inaperçu. La couleur orange des années 70 laisse la place aux couleurs bleu et argent, plus symboliques de la grande vitesse. L'œil exercé du voyageur peut également constater que le profil est aussi plus aérodynamique pour améliorer la résistance à l'avancement et réduire le besoin de puissance.

Le TGV Atlantique est plus long : 10 remorques au lieu de 8, soit 485 places assises réparties en 116 en première classe (sièges en tissu de couleur grise et réglable en hauteur et dossier) et 369 en seconde (également en tissus dans les tons vert et gris). L'aménagement intérieur évolue, deux voitures de première classe sont équipées d'espace type compartiment de 4 places dénommé club 4. Les cabines téléphoniques installées dès 1989 ont disparu de nos jours, victime du progrès des téléphones portables.

Le TGV Atlantique à la sortie de la gare Montparnasse (2006).

Le succès du matériel TGV Atlantique intéresse l'Espagne. Les chemins de fer espagnols (Renfe) prennent livraison à partir de 1991 de 18 rames nommées AVE (Alta Velocidad Española) pour leur nouvelle ligne à grande vitesse entre Madrid et Séville.

Aux couleurs gris et bleu, le TGV Atlantique adopte également un profil plus aérodynamique

Ambiance de départ vers l'Atlantique et la Bretagne en gare Montparnasse (2006).

Le TGV entre dans la légende

Le 18 mai 1990, la rame TGV 325 atteint 515,3 km/h près de la gare de Vendôme. Le record mondial de vitesse est pulvérisé. La SNCF confirme, 9 ans après la mise en service des premiers TGV entre Paris et Lyon, sa maîtrise de la grande vitesse.

Avant la mise en service du TGV Atlantique, la SNCF entreprend en 1989 et 1990 une nouvelle série d'essais à très grande vitesse au-delà de 400 km/h, pour enrichir ses connaissances dans les domaines des performances traction et freinage, du comportement des véhicules, de l'interaction voie-véhicule, du captage du courant, des perturbations électriques haute et basse fréquence et de l'impact sur l'environnement.

Avec une totale confiance dans les capacités du TGV, les ingénieurs décident d'explorer la très haute vitesse sur rails. Ils visent 117 mètres par seconde (420 km/h). Une rame TGV Atlantique est choisie : la N° 325. Elle est adaptée : composition réduite à 3 voitures et 2 motrices, roues motrices plus grandes et rapport de réduction adapté. Un laboratoire de mesures est installé à bord pour surveiller l'évolution des différents paramètres en 150 points de contrôle. Un aileron stabilisateur est posé sur la motrice arrière comme les voitures de courses.

Au cours de 19 marches d'essais, 8 fois la vitesse de 500 km/h est dépassée, avec un maximum de 510,8 km/h. Le but est atteint, la campagne d'essais touche à sa fin, mais il manque un record du monde médiatique ! Toutes les conditions étant requises, on choisit la date du 18 mai. Tous les médias sont invités à prendre place à bord de la rame TGV N° 325 aux côtés du Ministre des Transports et du Président de la SNCF.

A 9h51, Michel Massinon, entouré de Claude Maro et Daniel Vigneau, « démarre » la rame en direction de Tours, l'accélération est parfaite : 331 km/h, 380km/h, 450 km/h, 500 km/h... Peu après la gare de Vendôme, la rame atteint la vitesse maximum de 515,3 km/h. Il est 10h06. Les observateurs, médias et riverains, viennent d'assister au passage du « bolide » soulevant un nuage de poussière. La SNCF remporte de nouveau le record du monde absolu de vitesse sur rails ! Elle démontre également à ses clients la marge de sécurité considérable, tant en ce qui concerne le matériel roulant que la voie dont dispose le système TGV.

18 mai 1990 : la rame 325 du TGV-A atteint 515,3 km/h près de Vendôme.

Capable de se déplacer à plus de 500 km/h, le TGV n'en finit pas de pulvériser les records

4 La conquête de l'Europe à grande vitesse

Avec deux lignes TGV,

le réseau prend forme.

Du nord au Sud et de l'est

à l'ouest, le TGV ne passe même

plus par Paris.

Il lui faut désormais franchir

les frontières. Le TGV part

à la conquête de l'Angleterre

et du Benelux.

Londres et Bruxelles : un objectif pour le TGV Nord

Avec le Sud-Est et l'Atlantique, le TGV prouve sa modernité et son intérêt économique pour des relations d'une distance de moins de 500 km. Il lui faut désormais franchir les frontières et desservir l'Europe. Deux capitales entrent dans ce schéma : Londres et Bruxelles. Le TGV Nord doit être construit.

Si la relation de Paris à Bruxelles peut être facilement envisagée, il n'en est pas de même pour Londres. La Grande Bretagne est une île séparée par un bras de mer de notre continent, la Manche. La ligne TGV Nord, dont les premiers projets remontent au début de l'aventure du train à grande vitesse, ne trouve sa pertinence économique que par son prolongement vers l'Angleterre. L'histoire lui donne cette opportunité le 20 janvier 1986. François Mitterrand et Margaret Thatcher, premier ministre britannique, se rencontrent à Lille et décident la construction d'un tunnel sous la Manche.

Quand le TGV franchit les frontières...

En novembre 1989, les ministres des Transports européens tiennent congrès à la Haye : ils fixent l'avenir du train à grande vitesse. Le TGV Nord sera mis en service en 1993, la ligne vers Bruxelles en 1995 et celle vers Anvers, Cologne et Amsterdam en 1998. Seule la première respectera ce calendrier.

Le TGV Nord doit relier Paris à Lille et Calais, mais doit-il passer par Amiens, par Saint-Quentin ou longer l'autoroute du Nord ? La commission de l'ingénieur général Rudeau propose le tracé par Arras en longeant l'autoroute A1 depuis Compiègne, évitant une nouvelle coupure dans le paysage et la traversée des forêts de Chantilly et de Senlis. La ligne doit également traverser Lille en souterrain au lieu de la contourner.

L'objectif envisagé est de relier Paris à Lille en 1h, Bruxelles en 1h30 et Londres en 3h. Déclarée d'utilité publique le 29 septembre 1989, la construction des 346 km de ligne nouvelle à grande vitesse ne demande que quatre années grâce aux progrès des techniques de travaux de génie civil, de réalisation des plate-formes et des travaux de pose de voies et de caténaire.

Le premier TGV Nord Europe circule dès le 23 mai 1993 à la vitesse de 300 km/h entre Paris et Arras. Il faut encore attendre 4 mois pour atteindre à grande vitesse Lille et Calais et quelques mois de plus pour traverser la Manche !

Sur la ligne TGV Nord, traversée des tunnels de Verberie, Oise (1993).

Sur la ligne TGV Nord, pose des longs rails soudés de la future voie TGV.

Fouille archéologique dans l'Oise sur le tracé du TGV Nord.

Sur les traces du paléolithique

La terre possède des trésors, des vestiges matériels du passé enfouis depuis des siècles qui permettent de comprendre les activités de l'homme, ses comportements et son environnement, au fil des siècles. La construction d'une ligne TGV est une occasion pour les archéologues d'effectuer des fouilles. 170 sites ont été passés à la loupe sur le TGV Nord.

Les grands travaux de surfaces bâties, routiers ou ferroviaires entraînent d'importants mouvements de terre. C'est là que les archéologues y cherchent notre histoire. Le temps a enfoui dans la terre de nombreuses traces de nos ancêtres, autant de trésors pour témoigner de l'histoire de la civilisation.

A l'occasion des travaux du TGV Nord, une convention est signée en 1988 entre la SNCF, le ministère de la Culture et l'Association pour les Fouilles Archéologiques Nationales. Elle permet d'organiser les travaux des archéologues en trois phases : une prospection des sites et un diagnostic du terrain, une évaluation et la mise en route du chantier des fouilles suivie de la phase étude et publication des travaux réalisés.

Ainsi les archéologues du TGV Nord, après avoir répertoriés 170 sites

entre l'île de France, la Picardie, le Nord et le Pas de Calais, organisent leurs fouilles avant les premiers travaux de terrassement.

Entre Paris, Lille et Calais, ces travaux permettent la découverte des vestiges datant entre 100 000 ans avant Jésus-Christ et la fin du XVe siècle. Pendant trois années de recherche, dont le coût est supporté par la SNCF, différents aspects de la vie quotidienne des civilisations antérieures sont mis à jour.

Le terrain du Nord de la France présente d'autres particularités. La présence d'un terril, témoin des mines de charbon près d'Hénin Beaumont, demande une adaptation du tracé du TGV. L'apparition de fontis (affaissement localisé du sol suite à des éboulements souterrains) oblige une surveillance permanente de la ligne par hélicoptère.

Les travaux du TGV Nord sont aussi une occasion de remonter le cours de l'Histoire

Ces découvertes sont innombrables : fondations de villages gaulois, traces de rituels funéraires et découverte de sépultures, fabrication de poteries gallo-romaines, de haches en silex. Le plus intéressant est de retrouver des traces de voies de communication terrestre sur le tracé même de la nouvelle ligne ferroviaire.

Fouille archéologique en Seine et Marne avant les travaux de construction de la ligne à grande vitesse.

Dingo et le TGV en gare de Marne la Vallée-Chessy lors de l'inauguration de la ligne d'interconnexion (1994).

On ne passe plus par Paris !

En 1993, la France dispose de 3 lignes TGV, toutes au départ de Paris, mais avec des gares différentes. Une logique apparaît pour la première fois dans l'histoire des chemins de fer : construire une ligne qui évite la Capitale pour améliorer les relations province-province : une révolution.

Panneau interconnexion.

Au moment où il est décidé de construire la ligne du TGV Nord, il apparaît un besoin évident de relier les lignes TGV entre elles afin de construire un véritable réseau à grande vitesse qui va devenir européen.

Une ligne d'interconnexion des TGV est déclarée d'utilité publique le 1er juin 1990. D'un coût de 7,7 milliards de francs (valeur 1989), elle comporte 104,2 km devant être construits en Ile de France entre Moussy le Neuf au nord (jonction de la ligne TGV Nord) et Créteil-Valenton au sud (jonction avec la ligne TGV Sud-Est).

Son tracé parcourable à 270 km/h évite les zones urbaines denses pour atténuer l'impact sur l'environnement et les nuisances sonores. La géographie des terrains près de Chalifert impose la construction d'un ouvrage remarquable, un viaduc de 1172 mètres de long reposant sur 24 piles, dominant de 40 mètres un canal, décrivant un arc de cercle de

Marne la Vallée-Chessy et aéroport Charles De Gaulle : deux gares TGV européennes qui n'obligent plus le voyageur à passer par Paris

3250 mètres de rayon et en déclivité de 2%. Du côté de Limeil-Brévannes et Villecresnes, la ligne est tracée en tranchée couverte pour améliorer son insertion.

Deux gares nouvelles voient le jour : Marne la Vallée-Chessy en plein cœur de Disneyland et Charles De Gaulle TGV sous l'aérogare 2 de Roissy. Si elles assurent une desserte efficace du parc de loisirs et de la plate-forme aéroportuaire, elles permettent également aux habitants de ces secteurs de bénéficier de deux gares TGV pour toutes les destinations françaises sans avoir à passer par Paris, un gain de temps des plus considérables !

Mais il manque la liaison avec le TGV Atlantique. Celle-ci s'effectue entre Valenton et Massy par la ligne de grande ceinture à vitesse moyenne. Le choix de Melun pour accueillir le Stade de France aurait certainement entraîné la construction du chaînon manquant jugé beaucoup moins rentable.

La « révolution » TGV autour de Paris n'est pas terminée. N'empêche que les 104 km inaugurés en 1994 ont permis de réduire considérablement les temps de parcours en train : Lille est désormais à 3h00 de Lyon sans passer par Paris !

Le viaduc de Chalifert (1172 mètres) près de Marne la Vallée-Chessy (1997).

L'entrée du tunnel sous la Manche vers l'Angleterre (2004).

Un rêve réalisé : passer sous la Manche

Avec le TGV Nord, on atteint Calais en 1h25. Pour continuer vers Londres, il faut franchir la Manche large de 33 km. Dès la moitié du XIXe siècle un projet de tunnel est envisagé, 138 autres suivront. C'est le 6 mai 1994 que la liaison ferroviaire entre la France et l'Angleterre est inaugurée.

En 1855 un Français, Thomé de Gaumont, propose un premier projet de tunnel sous la Manche à partir du Cap Gris-Nez avec des cheminées d'aération en pleine mer. Parmi plusieurs projets, on peut citer un pont de 37 km soutenu seulement par 8 pylônes, des ponts reliant des îles en pleine mer raccordées à un tunnel central, ou encore un ensemble de ponts routiers et ferroviaires.

C'est un projet de tunnel ferroviaire qui est décidé le 20 janvier 1986 par François Mitterrand et Margaret Thatcher à Lille. Un consortium de dix entreprises construit l'ouvrage dont les travaux débutent en décembre 1987. Trois ans plus tard, la dernière

César et Napoléon s'étaient posé la question : comment diable traverser la Manche ? Le 6 mai 1994, l'Angleterre est reliée au continent

paroi rocheuse est abattue, l'Angleterre est officiellement reliée au continent par un lien fixe.

Le tunnel est constitué de 2 tubes à voie unique encadrant une galerie de service à laquelle ils sont reliés par des rameaux tous les 375 mètres pour permettre une évacuation rapide des trains en cas de problème. Long de 50 km (dont 39 sous la Manche) il est construit à une profondeur de 50 mètres sous le fond de la mer, soit environ 100 mètres sous la surface de l'eau. Le chantier est hors norme, on évacue des déblais équivalents à trois fois le volume de la pyramide de Kheops, on fabrique plus de 500 voussoirs en béton par jour pendant quatre ans, le tunnel est éclairé en permanence par vingt milles luminaires. Le coût des travaux est de 16 milliards d'euros.

Le tunnel est inauguré officiellement le 6 mai 1994. Sa majesté Elisabeth II, Reine d'Angleterre, accompagnée de François Mitterrand franchit la Manche à bord d'une Rolls Royce Royale qui a pris place sur une navette ferroviaire.

La société Eurotunnel exploite le tunnel sous la Manche avec des « shuttle », navettes transportant des camions, voitures ou autocars entre les terminaux de Calais et de Folkestone. Elle assure également le passage des trains de fret et des Eurostar. Le train à grande vitesse relie Paris à Londres depuis le 14 novembre 1994. L'Angleterre a cessé d'être une île.

A 160 km/h sous le tunnel sous la Manche (2004).

Un des tunneliers ayant servi à la construction du travail sous la Manche (à Douvres 1992).

Le viaduc de Savas-Mépin Lors du passage d'un autorail Picasso de 1950.

La voie du Sud par Saint-Exupéry

Le Sud-Est, l'Ouest, le Sud-Ouest et le Nord, le TGV s'impose comme le moyen de transport collectif de référence. Il faut déjà envisager d'autres lignes pour irriguer la France et atteindre notamment la Méditerranée. La première étape consiste à éviter Lyon.

Dès les premiers mois d'exploitation de la première ligne TGV entre Paris et Lyon, le succès est au rendez-vous et les voyageurs se comptent en millions. Les rames orange étendent rapidement leur rayon d'action sur tout le sud-est de la France, elles desservent Marseille, Montpellier, Chambéry, Annecy, Grenoble, Nice et Bourg Saint Maurice. Ce développement du trafic TGV se heurte à une difficulté : la traversée de Lyon avec un engorgement des voies ferroviaires au niveau de la Part-Dieu.

La solution est de prolonger la ligne à grande vitesse afin de contourner Lyon et de rejoindre Valence. Le dossier est présenté au ministre des transports en 1986 et la ligne nommée TGV Rhône-Alpes (d'une longueur de 115,8 km) est déclarée d'utilité publique le 26 octobre 1989 avec un budget de 5 milliards de francs.

9 viaducs, 4 tunnels : la voie du Sud évite Lyon et rejoint la vallée du Rhône à Valence

Le tracé retenu se situe à l'est de Lyon afin de desservir le nouvel aéroport de Satolas et de se raccorder aux lignes desservant les Alpes. Elle descend ensuite plein sud sur la rive gauche du Rhône au travers des départements de l'Isère et de la Drôme avant d'atteindre Valence qu'elle rejoint en empruntant la ligne venant de Grenoble.

Cette ligne nouvelle se caractérise par une succession importante d'ouvrages d'art imposée par la géographie des lieux : 9 viaducs et 4 tunnels. En ouvrages remarquables on peut citer le viaduc de la Côtière long de 1725 mètres reliant le plateau de la Dombes à la plaine du Rhône et le tunnel à double voie de la Galaure d'une longueur de 2686 mètres.

Début 1992, la gare de Satolas, rebaptisée Saint-Exupéry, est mise en service : elle permet aux supporters des Jeux Olympiques d'hiver de se rendre directement par train dans la vallée de la Tarentaise. Il faut attendre le 3 juillet 1994 pour que les TGV puissent emprunter la totalité de la ligne avec un gain de temps conséquent pour aller de Paris à Marseille, le trajet s'effectue en 4h10. La voie du Sud est déjà tracée !

La gare de Satolas TGV.

5 Plus loin, plus vite, plus confortablement

Pour un TGV,

franchir les frontières n'est pas si simple. Tension de courant, systèmes de signalisation, principes de conduite, le TGV doit être équipé pour chaque réseau.

Des TGV partout en France

Pour desservir la ligne TGV Nord, le parc des rames TGV Sud-Est et Atlantique ne suffit plus. La SNCF doit commander de nouvelles rames. Les TGV « Réseau » vont sillonner toute la France, mais franchir également les frontières.

Pour desservir les deux premières lignes TGV, la SNCF dispose de 109 rames TGV Sud-Est et 105 rames TGV Atlantique. La perspective de la ligne TGV Nord et de celle de l'interconnexion des TGV en Ile-de-France entraîne une nouvelle commande de matériel TGV auprès d'Alsthom.

Le cahier des charges de cette nouvelle commande spécifie que ces rames doivent pouvoir circuler sur la ligne TGV Nord mais aussi assurer des relations interrégionales entre le nord, le sud-est et le sud-ouest. Le réseau TGV est effectivement créé. 50 rames bi-courant dites « Réseau » sont livrées dans cette optique.

TGV Réseau : tous les chemins ne passent pas par Paris

Mais au-delà de la France le TGV doit franchir les frontières pour assurer des dessertes internationales. La

La rame Réseau Tri-courant 4506 en gare de Milano-Centrale (2000).

Suisse est desservie par les TGV Sud-Est dès le 22 janvier 1984 entre Paris et Lausanne et Brigue, puis entre Paris, Berne et Zürich. Une série de 9 rames TGV Sud-Est est spécialement construite pour ces relations. Elle assure le service « ligne de cœur » qui devient « Lyria » en 2002.

40 autres rames TGV Réseau sont livrées en version tri-courant, pour circuler sous courant 3000 volts continu qui équipe les réseaux de la Belgique et de l'Italie. La desserte directe de Paris à Bruxelles et de Paris à Milan est désormais possible.

Le TGV Réseau est une version modifiée du TGV Atlantique, sa composition est réduite à 8 remorques encadrées de 2 motrices comme le Sud-Est afin de desservir toutes les lignes.

Le 19 mai 1994 est une date historique pour les chemins de fer français. Deux TGV l'un parti de Lyon, l'autre de Lille se rejoignent en gare de Marne la Vallée-Chessy. Le « réseau » à grande vitesse est officiellement inauguré. Désormais on peut voyager à grande vitesse du nord au sud et de l'est à l'ouest sans passer par Paris. Marseille au Havre, Toulouse à Bruxelles, Poitiers à Marseille, Lille à Hendaye, Bruxelles à Nice, Grenoble à Lille sont des exemples des multiples relations desservies par le réseau TGV.

Une rame Réseau en gare de Calais Frethun (1998).

Croisement de 2 Eurostars dans la banlieue de Londres – alimentation « métro » par 3e rail (2004).

Un Eurostar comme le métro

Le tunnel sous la Manche permet de relier Paris et Bruxelles à Londres en roulant à 300 km/h en France. Pour atteindre la Capitale britannique, il faut un TGV adapté au réseau anglais datant de l'époque victorienne, mais aussi doté de toutes les spécificités de sécurité imposées par le tunnel.

Le TGV sort de France et part à la conquête de l'Europe. Mais les trois réseaux intéressés par ce nouveau service, la SNCF, la SNCB (Belgique) et les chemins de fer anglais, doivent se mettre d'accord pour définir le matériel. En 1989, une rame à grande vitesse, le TSMT « Transmanche Super Train » est commandée en 38 exemplaires : 16 pour la SNCF, 18 pour British Rail et 4 pour la SNCB.

Issu de la technologie du TGV (principe de la rame articulée), le TMST doit comporter tous les équipements pour lui permettre de circuler sur les réseaux des 3 pays, système de signalisation et d'électrification différents et gabarit plus petit pour le réseau anglais. En Belgique, la tension est de 3000 volts et en Angleterre de 750 volts. Mais la particularité du réseau britannique est d'être alimenté par un troisième rail !

Le TMST qui fait partie de la famille des TGV, les trains les plus rapides du monde, se voit donc équipé d'une technologie centenaire comme notre métro : des frotteurs pour capter le courant.

18 remorques, 12 moteurs. L'Eurostar permet à l'Angleterre d'accéder à la grande vitesse ferroviaire

Mais ce n'est pas tout, la commission intergouvernementale de sécurité impose des normes très strictes pour circuler dans le tunnel sous la Manche : possibilité de circuler avec un tiers des moteurs en état de marche, mais aussi de « couper » la rame en deux pour sortir du tunnel très rapidement en cas de problème. Bien entendu le train doit être doté des équipements les plus sophistiqués pour détecter un incendie.

C'est sous le nom du service « Eurostar » que ces rames sont construites. Elles comportent 18 remorques (10 de 2e classe, 6 de 1ère et 2 voitures bar pour un total de 766 places assises) encadrées de deux motrices au profil aérodynamique. 12 moteurs fournissent une puissance de 12240 kW.

Depuis le 27 septembre 2003, l'Angleterre est entrée dans le club de la grande vitesse ferroviaire, l'Eurostar roule à 300 km/h sur une ligne nouvelle qui atteindra Londres en 2007.

Un Eurostar Paris-Londres à la sortie de la gare de Calais Frethun (2002).

Logo Eurostar.

Rame Thalys quadri-courant en gare de Bruxelles-Midi.

Thalys, un défi technologique

L'avenir du chemin de fer, c'est l'Europe à grande vitesse ! Après l'Eurostar qui relie Paris et Bruxelles à Londres, un autre projet dénommé PBKA intéresse les relations entre Paris, Bruxelles, Cologne et Amsterdam. Mais il faut équiper de nouvelles rames TGV pour circuler sur 4 réseaux différents : une véritable usine embarquée : c'est le prix de l'avenir de l'Europe ferroviaire.

En regardant une carte de géographie européenne, on s'aperçoit que le chemin de fer peut être pertinent pour relier des grandes villes européennes distantes de moins de 500 km. C'est le cas de la Belgique, de l'ouest de l'Allemagne mais aussi des Pays-Bas.

Dans les années 1930, le trajet de Paris à Bruxelles est effectué en 3h par les Chemins de fer du Nord avec une locomotive à vapeur de type Atlantic. En 1957, la création d'un réseau TEE Trans Europ Express apporte qualité et confort à ces trains. « L'Etoile du Nord » relie

Amsterdam à Paris en 5h et le « Molière » Cologne à Paris en 4h50, composé de matériel climatisé en inox mais ciblé clientèle affaires. Une locomotive de légende, la CC 40100 est construite en 10 exemplaires pour assurer ce service en circulant sous 4 courants différents.

Belgique, Allemagne, Pays-Bas, France : un TGV spécial, le Thalys, permet de relier quatre métropoles européennes

Le succès du TGV et la construction de la ligne TGV Nord bientôt suivie de celle vers Bruxelles aboutissent à la création d'un nouveau service TGV : le Thalys pour relier ces 4 pays, mais à grande vitesse. C'est la société Westrail (70% SNCF et 30% SNCB) qui est chargée de commercialiser la marque Thalys.

Pour cette desserte il faut un matériel TGV spécifique qui puisse parcourir les 4 réseaux ferroviaires en étant équipés de tous les systèmes de signalisation, de sécurité et de captation de courant (quatre de tension différente). Plus complexe que les CC 40100, il doit pouvoir circuler à 300 km/h et demain il devra être équipé d'un nouveau système de signalisation européen (ERTMS) pour rouler à 300 km/h aux Pays-Bas. Une particularité : le poste de conduite est en position centrale pour mieux répondre aux principes de conduite de chaque pays.

27 rames Thalys assurent ce service. Elles se différencient des autres TGV par leur couleur : le rouge et le gris que l'on retrouve dans les ambiances intérieures et sur les uniformes des personnels.

Rame Thalys à destination de Paris-Nord en gare d'Amsterdam.

Un TGV Duplex dans l'atelier de Villeneuve St Georges (2003).

2 étages pour plus de clients

Dès 1987, le succès du TGV est fulgurant. Il paraît difficile d'augmenter le nombre de TGV sur l'axe Paris-Lyon, presque saturé par les TGV de Paris, du nord et de l'ouest de la France se dirigeant vers le sud. Par ailleurs, il est impossible d'augmenter la longueur des TGV en ajoutant des voitures, en raison de la longueur des quais des gares. La solution est simple : augmenter le capacité des TGV en les construisant à deux étages ! On peut ainsi transporter 1032 personnes en double rame (soit 16 voitures) au lieu de 700.

Dès 1987, la SNCF propose un programme marketing et technique pour le développement du TGV à étage. Il faut résoudre les problèmes techniques et connaître la perception de ce nouveau concept par les clients. Le Duplex entre en service à la fin de l'année

1996 entre Paris et Lyon. Le concept est simple : un TGV de même longueur (200 mètres), d'un même poids (390 tonnes), avec un même nombre de voitures (8), une même puissance (8800 kW), circulant à la même vitesse (300 km/h), mais avec 516 places contre 350 pour un TGV Sud-Est, soit une augmentation de capacité de 30%.

Le TGV Duplex, un TGV de troisième génération

Le TGV Duplex est défini comme le TGV de troisième génération. Les motrices sont plus aérodynamiques. Pour respecter le même poids que les autres TGV, les structures des « Duplex » sont allégées avec utilisation de l'aluminium pour les voitures, les organes électriques, les bogies et les sièges dont le poids diminue de 40% (12 kilos de moins), mais sans compromettre la sécurité.

Ce TGV apporte plusieurs innovations comme la résistance au choc avec zones de déformation. Au niveau confort on trouve deux types d'espaces : un niveau « bas » propice au calme sans intercirculation et un niveau « haut », accessible par un escalier, avec une ambiance plus conviviale et panoramique pour apprécier les paysages.

En plus de la relation Paris-Lyon, les « Duplex » assurent des trains Paris-Marseille, Lille-Marseille ou la desserte des Alpes lors des week-ends de sports d'hiver. Plébiscité par l'ensemble des voyageurs depuis sa mise en service en 1996, le parc des TGV Duplex sera constitué de 132 rames à l'horizon 2009. Il s'agit de la plus grande série de rames TGV de la SNCF.

Une rame TGV Duplex Marseille-Paris en gare de Valence TGV.

Rame POS TGV Est Européen en essais en gare du Mans

Pour de nouvelles dessertes européennes

Le TGV Est Européen va desservir la Suisse, le Luxembourg et l'Allemagne. Mais pour rouler sur ces 3 réseaux, la SNCF commande à Alstom 19 rames spécifiques pour rouler à 320 km/h. Une étape de plus dans la construction du réseau européen à grande vitesse et un nouveau succès pour le système TGV.

La desserte à grande vitesse de l'Est de la France est organisée autour de deux types de relations. Des relations françaises entre Paris-Reims, Metz, Nancy et Strasbourg et les autres lignes Nord, Sud-Est et Sud-Ouest du réseau TGV, mais aussi des relations internationales vers le Luxembourg, l'Allemagne et la Suisse.

Si l'écartement des voies (1,435 mètre) est identique sur les grands réseaux européens (sauf en Espagne), les équipements pour la circulation des trains et la sécurité divergent d'un pays à l'autre et rendent difficile l'interopérabilité, c'est-à-dire ne pas changer la locomotive. Les TGV, les Thalys et les Eurostar sont déjà équipés pour vaincre ces obstacles techniques, mais les nouveaux pays à desservir ont d'autres équipements pour lesquels il faut construire d'autres TGV.

Un nouveau défi technologique pour le TGV : s'adapter aux réseaux suisse, luxembourgeois et allemand

C'est pourquoi la SNCF commande, pour la ligne TGV Est Européen, 19 TGV nommées POS (Paris Ost-Frankreich Süd-Deutschland). Ces TGV sont formés de 8 remorques pour le transport des voyageurs dotées du nouveau design intérieur confié à Christian Lacroix, MBD Design et Compin, encadrées de 2 motrices tri-courant livrées par Alstom.

Les rames POS sont équipées pour les lignes de la SNCF, de la Deutsche Bahn, des Chemins de fer fédéraux suisses et des chemins de fer Luxembourgeois. Elles fonctionnent sous 3 courants (1500 v continu, 25 kV 50 Hz et 15 kV 16,7 Hz), sont dotées de différents pantographes selon les pays, peuvent capter les 8 systèmes de signalisation des 4 réseaux et roulent à 320 km/h en France, 300 km/h en Allemagne, 200 km/h en Suisse et 160 km/h au Luxembourg.

Avant de transporter leurs clients européens, les rames TGV POS subissent de nombreux essais sur tous les réseaux où elles circuleront à partir de 2007 pour pouvoir y être homologuées.

Les motrices des 19 rames TGV POS ressemblent esthétiquement au TGV Duplex, mais à l'intérieur on y trouve une véritable usine embarquée comme dans le Thalys et sans doute les futurs autres TGV Européens.

TGV

6 En route pour le Sud !

La Méditerranée en TGV ! Jamais le TGV n'a tant fait rêver. De Valence à Marseille, c'est un des plus grands chantiers du début du XXIe siècle. C'est aussi le plus beau des parcours à travers la Provence.

250 km pour atteindre la Méditerranée

En 2001, le TGV agrandit encore son réseau avec la ligne TGV Méditerranée : il comptabilise désormais 1500 km de lignes à la vitesse de 300 km/h. Le TGV Méditerranée représente la construction de 250 km de ligne selon une étoile à trois branches entre Valence, Nîmes (Manduel) et Marseille.

Par ses dimensions, le TGV Méditerranée est l'un des plus grands chantiers de construction de génie civil du siècle dernier, un budget de 25 milliards de francs pour la construction de 500 ouvrages d'art dont 7 viaducs exceptionnels et 13 km de tunnels, de 3 gares nouvelles et de 500 km de voies. Il fournit 100 millions d'heures de travail et crée plus de 11 500 emplois pendant 5 ans.

La gare d'Avignon TGV en construction (2001).

Le TGV Méditerranée, une grande évasion tout confort !

Engagées sur demande du gouvernement en 1989, les études demandent 6 années de préparation, plus de 30 mois de concertation, une organisation sans précédent avec plus de 2000 réunions organisées avec des élus des associations de défense de l'environnement et toutes les personnes concernées par le tracé, afin d'écouter, de dialoguer et de négocier. Un tracé de 3000 kilomètres de lignes projetées est examiné pour obtenir 250 kilomètres de ligne à construire.

La réalisation du TGV Méditerranée tient compte de nombreuses contraintes telles que la traversée

Un TGV Sud-Est à 300 km/h vers Marseille près de Crest. (2001).

par 4 fois du Rhône, le franchissement d'une région agricole et viticole et à risque sismique, la protection de la faune et de la flore, une prise en compte systématique de la protection de l'environnement ou encore l'application de la loi sur l'eau.

Ces 250 km de ligne nouvelle à grande vitesse modifient plus de 70 relations TGV exploitées par la SNCF, en les faisant bénéficier d'une accélération du temps de parcours de plus d'une heure entre le nord, le sud, l'est et l'ouest de la France. 26 millions de clients sont attendus chaque année.

Cinquième maillon du réseau TGV français, le TGV Méditerranée acquiert une formidable notoriété dès sa mise en service. Il confirme la maîtrise française de la grande vitesse ferroviaire, mais il est aussi synonyme d'évasion vers les vacances, le soleil et la mer. Du premier étage des TGV Duplex, il permet de découvrir les merveilleux paysages de la Provence et du Languedoc Roussillon.

Un passage supérieur spécialement aménagé pour le passage des animaux sauvages.

Castors, crapauds et aigle de Bonelli

Construire une ligne nouvelle, oui mais en préservant au maximum l'environnement, c'est l'engagement pris par la SNCF et RFF pour le TGV Méditerranée : vignoble, archéologie, maintien des espaces naturels, protection des castors, plantation d'arbres, insertion de la ligne dans le paysage, sont parmi les préoccupations constantes des ingénieurs lors des travaux.

Répondant aux directives de la loi sur l'eau de 1992, la ligne TGV Méditerranée est construite de manière transparente : elle ne doit provoquer aucune perturbation à l'écoulement naturel de l'eau notamment en période d'inondation. Les ingénieurs tiennent compte du niveau des crus historiques de référence pour l'ensemble du tracé. Ils construisent à titre d'exemple 3500 mètres de viaduc vers Cavaillon pour franchir la Durance dont le débit peut passer de 300 m^3 par seconde à 1500 m^3 en quelques heures.

La végétation est aussi une préoccupation majeure : revégétalisation des terres après travaux et plantation de mille arbres nouveaux (micocouliers, cyprès, tulipiers de Virginie, arbres de Judée) afin de protéger au maximum les paysages traversés.

La ligne nouvelle doit également maintenir les espaces naturels. On construit des passages spécifiques au-dessus ou en dessous de la ligne pour que les grands mammifères ne soient pas gênés dans leurs déplace-

Déplacement des castors du Gardon à Montfrin sur la ligne TGV Méditerranée.

Sur le tracé du TGV Méditerranée, animaux et végétaux font l'objet d'une attention toute particulière

ments. Des mesures sont prises pour d'autres animaux risquant d'être perturbés par la ligne : construction de mares pour le pélobate cutripède, sorte de petit crapaud, déplacement de castors du Gard en Isère pour un meilleur cadre de vie, aménagement de la ligne pour respecter la façon de vivre des pintadeaux, des hirondelles et même des abeilles.

La vedette revient à l'aigle de Bonelli. Deux représentants de cette espèce qui ne compte plus guère qu'une trentaine de couples, vivent paisiblement du côté du Château de la Barben, mais à l'endroit même où doit se construire la ligne. Une caméra vidéo est installée à proximité de leur nid pour surveiller leur comportement et le mâle est doté d'un émetteur de 12 grammes qui permet de suivre ses déplacements. Ce programme d'études mené par le Muséum d'histoire naturelle d'Aix-en-Provence est financé par la SNCF. Rassurez-vous, l'aigle de Bonelli s'est habitué au passage des TGV

4 TGV sur le double viaduc d'Avignon Thalys-Duplex-Eurostar-TGV Réseau (2001).

Ouvrages d'art exceptionnels à travers la Provence

Projet très décrié, le TGV Méditerranée est devenu le préféré des Français. Cette ligne traverse une des plus belles régions de France par des ouvrages d'art exceptionnels et remarquables.

Le viaduc de la Grenette à la Roche sur Grane : le plus haut de la ligne en courbe et en rampe, long de 947 mètres sur 18 piles dont la plus haute mesure 60 mètres.

Le tunnel de Tartaiguille : long de 2338 mètres et acceptant le croisement de deux TGV à 300 km/h. Il traverse des terrains où d'importantes pressions internes incitent la montagne à se refermer sur elle-même dès que l'on creuse ses entrailles.

Le viaduc de la Garde-Adhémar : sur le canal de Donzère. Un ouvrage qui est un chef d'œuvre d'ingénierie, deux bow-string jumelés longs de 324,60 mètres et hauts de 34 mètres au-dessus du canal. Le « bow-string » est un tablier métallique porté par un arc et soutenu par des suspentes.

Les viaducs de Mondragon-Vénéjan-Mornas : deux bow-strings de 110 mètres chacun au-dessus du Rhône. Les ouvrages ont été assemblés sur une rive du fleuve et mis en place par franchissement du Rhône des 2400 tonnes d'acier sur une barge.

Dompter la nature tout en la respectant. Pour accéder à la grande vitesse, la Provence voit fleurir viaducs et tunnels

Le double viaduc des Angles : deux ouvrages exceptionnels de 1500 mètres de long permettant aux TGV de franchir le Rhône entre le Gard et Le Vaucluse à 60 mètres au-dessus du fleuve. La conception et la réalisation de ces ouvrages ont tenu compte des nombreuses contraintes : un impératif architectural soit un viaduc fin et élégant avec prise en compte des effets sismiques, une résistance des piles aux chocs éventuels de bateaux et les effets du Mistral soufflant parfois à plus de 150 km/h.

Les trois viaducs sur la Durance à Cavaillon : 3,5 km de pont pour franchir une rivière capricieuse soumise à des crues importantes.

Le Viaduc de Ventabren : le plus long viaduc de la ligne, 1733 mètres avec une technique de construction innovante pour deux fléaux, d'un poids de 3600 tonnes de béton, qui ont été tournés en une nuit de 28° pour ne pas interrompre le trafic de l'autoroute.

Le Viaduc de l'Arc : long de 308 mètres côtoyant l'aqueduc de Roquefavour, un viaduc exceptionnel par ses qualités architecturales constitué d'une structure transparente et fine type « ventre de poisson ».

2 rames TGV franchissent le viaduc de l'Arc près d'Aix-en-Provence TGV (2001).

Mise en place du viaduc de Mornas : 2400 tonnes d'acier traversent le Rhône sur une barge (1999).

Inondation, chimie, séisme et vent violent

La sécurité des voyageurs est la préoccupation de la SNCF et de RFF. Le dossier de construction de la ligne TGV Méditerranée prend en compte des risques spécifiques en fonction de la géologie et de la géographie des régions traversées.

Traversant le canal de Donzère à 300 km/h près de Pierrelatte, le TGV longe la centrale nucléaire du Tricastin. En cas de risque chimique, une alerte déclenchée par la Cogema permet d'arrêter immédiatement les trains leur évitant de pénétrer dans la zone dangereuse.

Après avoir traversé le Rhône près d'Avignon, le TGV longe la Durance. Très capricieuse, la rivière peut facilement déborder de son lit. Des systèmes de détection de montée des eaux sont installés dans ce secteur pour arrêter les trains en cas d'inondation de la voie.

De valence à Marseille, la ligne TGV Méditerranée traverse des zones à risque sismique. Pour résister à d'éventuelles secousses telluriques, les ouvrages d'art comme les grands viaducs en béton sont équipés de

Un TGV Duplex franchit l'un des 3 viaducs d'Orgon sur la Durance (2006).

30% de ferraillage en plus et de système de blocage évitant que le tablier du pont ne puisse tomber de la pile. 24 capteurs sismiques sont installés tous les dix kilomètres le long de la voie pour donner les alertes en temps réel afin de ralentir ou d'arrêter les trains selon l'importance du niveau de la détection.

Confort et sécurité, le credo du TGV Méditerranée

Longeant la vallée du Rhône, le TGV parcourt une zone extrêmement ventée où le Mistral peut atteindre des vitesses de 183 km/h. De telles valeurs peuvent avoir des conséquences sur la stabilité des TGV lorsque ce vent est « traversier » comme lors de la traversée du Rhône en Avignon où la voie se trouve à 60 mètres au-dessus du fleuve. 12 stations anémométriques sont placées dans les zones les plus ventées. En cas de détection de vents violents, la vitesse des TGV est abaissée à 170 ou 80 km/h. Certains ouvrages d'art sont équipés d'écrans anti-vent comme le double viaduc d'Avignon. Des brise-vent constitués de lames en tôles pliées et percées de multiples trous sont posées du côté nord. Plusieurs contraintes sont prises en compte pour cet équipement : efficacité, aucune nuisance sonore et transparence. Il n'est pas question de masquer la magnifique vue sur le Rhône, le Palais des Papes et le Mont Ventoux à la traversée du viaduc.

La rame 4530 habillée par Christian Lacroix (2000).

On dirait le Sud...

Quelle femme ne rêve pas d'être habillée par Christian Lacroix ? Une rame TGV Réseau a cet honneur le 7 juillet 2000 et porte les couleurs du sud pendant un an ! Une aventure exceptionnelle.

La ligne TGV Méditerranée révolutionne l'ensemble des dessertes à grande vitesse du réseau TGV. En 2000, un sondage témoigne que 52% des Français ont entendu parler du TGV Méditerranée. Un an avant l'ouverture de la ligne, la SNCF se lance un défi : annoncer cet événement en portant l'image du TGV Méd sur l'ensemble du territoire en croisant les valeurs du TGV mais aussi celles du Sud. Le support de cet affichage est trouvé : une rame TGV « réseau ». Reste à trouver « l'affiche » et le « créateur ».

Symbole de la bonne santé de l'ingénierie française, le TGV Méditerranée se fait aussi l'ambassadeur du luxe à la française

Les responsables de la SNCF rencontrent le couturier Christian Lacroix, natif d'Arles, personnalité fortement imprégnée par les valeurs du sud. Il relève le défi en dessinant une robe

La rame 4530 défile en gare de Paris-Lyon

haute couture unique de deux cents mètres de long qui sera portée par un TGV !

Christian Lacroix planche pendant quatre mois sur ses cartons à dessin dans le plus grand secret de ses ateliers pour définir la robe la plus insolite de l'histoire. Le tissu laisse place au film adhésif. Le 7 juillet 2000, la rame 4530 part des ateliers du Landy pour rejoindre la gare de Paris-Lyon où trois cents invités, dont de nombreux médias, prennent place sur le quai 23 devenu un instant lieu de défilé de haute couture : moquette rouge sur le quai, moquette bleue sur la scène, où plutôt sur les rails. Sous les crépitements des flashs des photographes le TGV « Lacroix » entre en gare.

Nord-Sud ou du froid au chaud, le TGV présente une livrée différente sur chaque voiture allant du bleu nuit pour une motrice au jaune soleil pour l'autre en passant par le violet, mauve, cyclamen, fuchsia, pamplemousse, mandarine, orange et jaune citron. « Pour Christian Lacroix « à grande vitesse le TGV doit se lire comme un spectre chromatique, une fusée de feu d'artifice traçant une trajectoire incandescente vers la Méditerranée en laissant derrière elle une nuit plus froide ».

Ephémère, cette robe est portée pendant dix mois. Un vrai feu d'artifice de couleur sur rails.

Opération « Sardine »

En regardant une carte de France, on voit que la SNCF exploite une ligne à grande vitesse traversant la France du nord au sud entre Calais et Marseille. Les TGV roulent de plus en plus longtemps à grande vitesse. Cet exploit au quotidien mérite d'être médiatisé. C'est l'idée de Philippe Mirville, responsable communication presse à la SNCF (1).

1067,2 km séparent Calais Frethun de Marseille Saint Charles. Entre les deux, la SNCF exploite à partir de 2001 une ligne totalement parcourable à 300 km/h. Avant la mise en service du TGV Méditerranée la SNCF veut tester l'endurance de son matériel à grande vitesse sur le plus long parcours possible sans arrêt.

C'est ainsi que naît l'opération « Sardine » consistant à relier Calais à Marseille en 4h. Trois premiers essais donnent entière satisfaction d'après les paramètres enregistrés dans le laboratoire installé dans la rame réseau 531. Pour terminer cette expérience, la presse est invitée à participer à une marche exceptionnelle le samedi 26 mai. Après un

L'équipe de conduite du record d'endurance à 358,4 km/h.

déjeuner sur les falaises de la Manche, 300 journalistes et invités prennent place à bord du TGV 531 pour aller dîner au bord de la Méditerranée.

16h30 : départ de Calais Frethun, rapidement le 300 km/h est atteint. La rame TGV est équipée de 11 caméras retransmettant des images de l'opération sur des téléviseurs installés dans les voitures. On y lit les kilomètres parcourus et le temps de parcours.

L'opération « Sardine » : déjeuner à Calais et dîner à Marseille. Pari réussi !

Ce grand voyage à travers le France est agrémenté de commentaires et de dégustations des produits des régions traversées. A plus de 300 km/h, on atteint Lille en 22mn et Roissy en 1h02. Epoisses, village réputé pour son fromage et à mi-chemin de Calais et Marseille est atteint en 1h47. Le TGV poursuit sa course : Lyon en 2h30, Valence en 2h47 et Avignon en 3h08. La vitesse atteint 366,8 km/h sur le viaduc de Ventabren.

Le Journal de 20h débute sur France 2, en fond d'écran la rame TGV 531 entre en gare de Marseille Saint Charles et s'immobilise, il est 19h59 et 50 secondes. Le record du monde d'endurance ferroviaire est battu. Les 1067,2 km ont été parcourus en 3h29 à la vitesse moyenne de 306,67 km/h. Jacques Chirac salue ce record mondial qui valorise l'image de la France.

(1) Philippe Mirville est l'auteur de cet ouvrage

La rame 531, record d'endurance Calais-Marseille en gare de Marseille St Charles (2001).

L'inauguration du TGV Méditerranée en gare d'Avignon TGV.

A 300 km/h sur le pont d'Avignon

Où inaugurer le TGV Méditerranée ? Valence, Marseille ou Nîmes ? Cette nouvelle ligne est une étoile à 3 branches. On en choisit le « cœur », Avignon, où se trouve le plus bel ouvrage d'art de la ligne. Et voilà donc le « pont d'Avignon » réinventé, mais celui du TGV, qui va devenir, pour un jour, le symbole de la ligne nouvelle à grande vitesse.

« Le jour de gloire est arrivé », titre *La Vie du Rail* au lendemain du 7 juin 2001, jour de l'inauguration. Ce chantier est considéré comme l'un des plus importants du début du XXIe siècle. Preuve que le TGV a sauvé le chemin de fer voué à l'échec 40 ans plus tôt.

Les 250 km inaugurés vont réduire considérablement le temps de parcours du TGV qui dessert (presque) toute la France. L'engouement médiatique est exceptionnel et dithyrambique. La SNCF propose une inauguration à la hauteur de l'événement. Le viaduc des angles est retenu, un lieu symbolique. Situés au sud d'Avignon, deux viaducs en béton, longs de 1500 mètres et distants de 45 mètres, franchissent le Rhône au centre d'une étoile à trois branches vers Nîmes, Valence et Marseille.

Pour l'inauguration du TGV Méditerranée, on danse sur le pont d'Avignon...

Deux jours de fête vont laisser à jamais un souvenir impérissable. 5000 personnes sont invitées par la SNCF et RFF à rejoindre Avignon le 7 juin à bord de 8 TGV spéciaux. En franchissant le Rhône, Mireille Mathieu y entonne la célèbre chanson *Sur le Pont d'Avignon*. Le Président de la République, Jacques Chirac, prend à son tour le TGV à Marseille pour un parcours à 300 km/h pour Avignon. Il se rend au bord du Rhône dans le village éphémère du TGV Méditerranée pour les discours officiels. Alors que le média center accueille les 500 journalistes, un spectacle de l'école de danse Rudra-Béjart précède le point d'orgue de la soirée : un spectacle pyrotechnique de Christophe Berthonneau qui embrase les 1500 mètres du viaduc d'Avignon et simule le passage des TGV.

Le lendemain, c'est la fête des cheminots et des partenaires : plus de 10 000 personnes se retrouvent au bord du Rhône. Reste à accueillir les premiers clients le dimanche 10 juin 2001. En Gare de Lyon, le Président de la SNCF Louis Gallois leur souhaite un bon voyage qu'ils effectuent sous la pluie provençale. L'aventure de la grande vitesse ferroviaire se poursuit.

Le feu d'artifice sur le pont TGV d'Avignon le 7 juin 2001.

1er
Milliard de voyag
à grande vitesse

7 TGV : une marque et des services

Plus qu'une prouesse technique, le TGV devient une véritable marque. Incontournable, il transporte plus d'un milliard de voyageurs, sert de support de communication, devient partenaire de grands événements. Même Christian Lacroix est séduit par le train le plus rapide du monde : il dessine son nouveau look intérieur.

TGV : une marque de la SNCF

En 2000, le TGV est un produit performant qui a transporté plus de 800 millions de voyageurs. Concurrencée par l'avion et l' automobile, la SNCF lance la marque « TGV » pour s'engager à offrir des services toujours plus performants.

20 ans après les premiers TGV, le train à grande vitesse développe son offre commerciale et ses dessertes entre les régions et à l'international. Fort du succès technique, la SNCF veut affirmer sa position dans un marché qui devient de plus en plus concurrentiel : l'avion propose des tarifs très attractifs et l'automobile offre plus de confort et de sécurité. La SNCF veut se doter d'une arme indispensable pour maîtriser et piloter l'image du TGV : elle crée la marque TGV.

Avec le TGV, « prenez le temps d'aller vite »

Son identité se construit autour de deux axes : la technologie marquée par la maîtrise de la vitesse et l'innovation continue, et un axe service où apparaît la notion de gain de temps et la simplification du voyage. La SNCF lance une nouvelle signature publicitaire : « prenez le temps d'aller vite » qui symbolise l'importance de la réduction du temps de trajet et le confort du voyage plaisir, détente ou travail.

Mais le plus visible pour le voyageur est l'apposition dès septembre 2000 d'un nouveau logo sur tous les produits et rames TGV. Il reflète un véritable état d'esprit qui allie la rapidité au confort de vie. Les trois lettres sont tracées en un seul mouvement continu, souple et régulier pour leur donner l'élégance d'un félin rebondissant. Puissance et vitesse prennent une nouvelle dimension de confort et d'élégance au travers d'un graphisme épuré et donnant un certain statut à la marque. Le logo est traité en couleur mercure métallisée « effet 3 D » pour renforcer la modernité de l'ensemble.

Etre remarqué, c'est risqué d'être critiqué ! Le nouveau logo connaît un « coup de pub » grâce au journal de 20h d'une chaîne de télévision nationale : elle a tout simplement retourné le logo. Le félin racé style puma ou jaguar laisse la place à un gastéropode stylisé, un escargot. Cet effet de style est repris immédiatement dans toute la presse, ce qui grave définitivement ce nouveau logo dans tous les esprits. Qui aime bien châtie bien !

Nouveau logo.

Ancien logo.

Une idée d'avance TGV : l'iDTGV

Le 6 décembre 2004, un nouveau TGV circule entre Paris et Toulon : l'« iDTGV ». Un concept inédit de voyage : alors que les compagnies aériennes « low-coast » proposent des tarifs toujours plus bas, la marque TGV décide de privilégier le confort et le plaisir des voyageurs en leur laissant la possibilité de composer leur voyage comme il leur semble. Un seul impératif : être connecté à Internet.

La guerre des voyages à bas prix bat son plein. La concurrence aérienne est redoutable, mais la SNCF gagne de nombreuses parts de marché : 66% sur Paris Marseille contre 34% pour l'aérien.

Pour répondre à la demande d'une clientèle qui utilise de plus en plus Internet pour préparer ses voyages, TGV décide de créer un nouveau service, pour les voyages à prix bas, vendu exclusivement par Internet et qui économise les coûts de distribution. L'idée est d'ajouter à un TGV déjà en service une deuxième rame en économisant le coût du conducteur. Le client imprime chez lui son billet électronique que le superviseur du train vérifie grâce à un lecteur optique. Le service est baptisé « iDTGV ».

Au-delà du simple achat d'un billet, iDTGV propose deux ambiances de voyage : iDzen un espace réservé pour la quiétude et la relaxation (sans sonnerie de portable, le silence y est recommandé), et iDzap pour un voyage divertissant dans un climat convivial (propices aux rencontres et aux discussions). Dans ces TGV, le bar est ouvert avant le départ. On peut y trouver des magazines, des jeux de carte, des kits sommeil, des locations de lecteurs de DVD et de consoles de

Accueil iDTGV en gare de Paris-Montparnasse.

www.idtgv.com,

pour voyager zen ou zap !

jeux, et bien sûr de quoi se restaurer. Un salon iDTGV est aménagé en espace de rencontre et de partage où sont proposés des massages de spécialistes de la gestion du stress et du bien-être.

Avec une réservation possible 4 mois avant le voyage, le principe est simple : plus le billet est acheté longtemps à l'avance, plus le prix est bas, 19€ au minimum.

Ce concept de voyage a déjà séduit plus d'un internaute. TGV propose ce service sur les relations Paris-Avignon, Aix-en-Provence, Bordeaux, Cannes, Marseille, Montpellier, Nice, Nîmes, Saint-Raphaël, Toulon et Toulouse. Si vous souhaitez voyager zen ou zap, cliquez sur www.idtgv.com

iDTGV.

Le TGV et la Coupe du Monde de Football 1998

Et un, et deux, et trois zéros... Le 12 juillet 1998, la France devient « championne du Monde » de Football. Ce résultat est l'issue de la compétition rassemblant 32 équipes qui se rencontrent lors de 64 matches disputés dans 10 villes de France, toutes desservies par le TGV.

Du 10 juin au 12 juillet 1998, la France vit à l'heure du football. Les matches se disputent dans les stades de Lens, Paris, St Denis, Lyon, Saint Etienne, Marseille, Montpellier, Toulouse, Bordeaux et Nantes. Pour les organisateurs du Mondial 98 se pose une question primordiale : comment transporter les millions de supporters d'une ville à l'autre ? Réponse : par les TGV de la SNCF puisque les 10 villes sont toutes sur le réseau TGV. La SNCF est nommée prestataire agréé de France 98.

Une organisation minutieuse, une mobilisation de l'ensemble des personnels et une motivation à hauteur de cette « grande cause nationale », un challenge qui attend la SNCF. Vitrine de la technologie ferroviaire, le TGV doit prouver qu'il est le champion du monde en offrant un service irréprochable. Le dossier présenté par la France pour remporter l'organisation du mondial a mis en avant la qualité du transport public pour conduire les équipes et les supporters.

La SNCF « met le paquet » et édite un guide TGV de 96 pages pour les supporters. On y trouve les informations indispensables pour soutenir son équipe : calendrier des matches, horaires complets et détaillés des TGV pour chaque match, réservation des places, tarifs, accès aux différents stades. 50% des supporters (1,4 million) se

1998 : les TGV remplissent les stades

déplacent en train pour rejoindre les stades. 2000 trains sont mis en service ainsi que 194 TGV spéciaux affrétés par les clubs de supporters. La palme revient aux supporters de l'équipe du Brésil qui affrètent 28 TGV spéciaux pour Marseille à l'occasion de la demi finale Brésil / Pays-Bas du 7 juillet.

Les trains et les gares voient passer des millions de supporters du monde entier revêtus des multiples couleurs de leurs équipes et s'identifiant avec leurs propres folklores. 98% des trains sont « à l'heure », pari tenu ! On peut même lire dans le *Financial Times* que le système des transports de cette Coupe du Monde ne sera sans doute jamais égalé. Thank You !

Diplôme remis aux voyageurs TGV à l'occasion de la Coupe du Monde de Football 1998.

Des TGV pour la Coupe du Monde

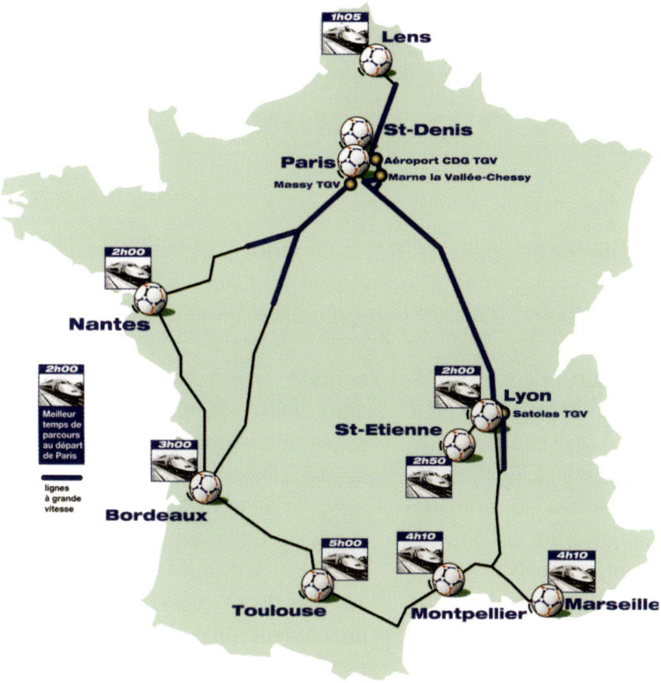

Carte des dessertes et temps de parcours TGV au départ de Paris.

La rame relookée « Lacroix » : $1^{\text{ère}}$ classe (vert).

Christian Lacroix relooke le TGV

En 2002, la SNCF lance un appel d'offres pour rénover plusieurs rames TGV (la moitié du parc) : 105 rames Atlantique et 78 rames Réseau. La SNCF consulte ses clients pour connaître leur opinion et leurs demandes.

Tout est misé sur le confort intérieur : Christian Lacroix a travaillé sur les formes, les couleurs, les motifs et les matériaux. Réalisé par Compin, le siège est le principal élément de confort : un cocon avec l'arrondi de l'œuf, une image protectrice pour se sentir en confiance et en sécurité tout au long du voyage. Equipé d'une profonde assise en mousse, il est inclinable dans les deux classes avec oreiller en 1ère et appui-tête réglable en 2nde. Les sièges de $1^{\text{ère}}$ classe sont de couleur gris avec 5 sièges vert chartreuse, un espace propice à la tranquillité, à la réflexion ou au repos. Dans les voitures de 2nde classe, les sièges sont de couleur plus chatoyante, violet « amarante », avec d'autres sièges de

Bar.

couleur rouge « coq de roche ». La moquette du sol fait apparaître des formes aquatiques.

Une rame prototype proposant plusieurs ambiances sillonne quarante gares de France en 2002 et 2003 pour recevoir l'avis des « clients » TGV. Un groupement composé de Christian Lacroix, MBD Design et Compin fabriquant de siège remporte ce marché.

Pus beau, plus confortable, le « nouveau design intérieur » du TGV est une franche réussite

La première rame « nouveaux design intérieur » entre en service le 8 septembre 2005. D'autres innovations sont adoptées : espaces dédiés aux appels par mobiles sur les plate formes, espaces pour familles, pour les vélos et pour les utilisateurs de fauteuils roulants. Le bar est entièrement relooké avec des couleurs agréables et modernes. Des stores remplacent les rideaux, les porte-bagages situés au-dessus des sièges accueillent vestes et manteaux et des bagageries sont installées dans les salles.

Cette grande opération de rénovation des rames TGV est réalisée par trois établissements du matériel de la SNCF : Bischheim près de Strasbourg, Hellemmes près de Lille et Romilly près de Troyes. Les chiffres sont impressionnants : 70 000 nouveaux sièges, 61500 m² de moquette, 167 000 m² de tissus de sièges, 11 000 lampes de table, pour un total de 350 millions d'euros. En 2007, toutes les liaisons TGV Est Européen sont assurées avec ce matériel rénové.

2e classe (rouge).

28 novembre 2003 : le 1er milliard de voyageurs TGV célébré aux ateliers de Paris Conflans.

Un milliard de voyageurs et Cézanne

Quel rapport entre un milliard de voyageurs transportés et le peintre Cézanne ? Le TGV et la publicité, deux exemples de pelliculage des rames à grande vitesse de la SNCF, un support de communication visible partout en France et même en Europe.

La livrée du TGV est son identité. Orange pour le TGV Sud-Est, jaune et blanc pour l'Eurostar, rouge et gris pour le Thalys. La couleur bleu-argent est « la » référence de la marque TGV. Les Français et les cheminots sont très attachés à cette valeur du patrimoine ferroviaire et ils acceptent difficilement que « leurs TGV » deviennent de vulgaires supports publicitaires à l'exemple d'autres réseaux comme la Suisse.

Plusieurs exceptions confirment cette règle. Quelques TGV portent à des occasions précises les couleurs de certaines sociétés ou d'événements. Les peintures de base ne disparaissent pas, mais on habille une partie de la caisse, certaines voitures ou la rame

Coupe du Monde, JO, 101 Dalmatiens et Cézanne sont mis à l'honneur par le TGV

entière par pelliculage, des surfaces pouvant représenter près de 3000 m² d'adhésifs.

A l'occasion des Jeux Olympiques d'hiver en 1992 et de la Coupe du Monde de football en 1998, toutes les rames TGV arborent le logo officiel de la manifestation. La radio RTL, la société Sony ou encore la production du film *Les 101 dalmatiens* financent le pelliculage total d'une rame qui porte leurs couleurs pendant quelques mois. Le passage à l'Euro donne l'idée de faire circuler un Thalys en Europe en affichant la nouvelle monnaie européenne.

La SNCF utilise elle aussi la possibilité offerte par le pelliculage pour marquer certains événements : records du monde ou inaugurations présidentielles.

Plus récemment, deux TGV sont pelliculés pour deux événements différents. Le 28 novembre 2003 la motrice de la rame 4502 reçoit une décoration spécifique pour fêter le milliardième voyageur TGV transporté. Plus extraordinaire encore, le 7 juin 2006, la rame Duplex 288 sortant d'usine est pelliculée intégralement aux couleurs du peintre Cézanne pour célébrer le centenaire de sa mort et les 5 ans du TGV Med. Chaque voiture reçoit une copie d'un tableau du peintre, notamment ceux représentant la Montagne Sainte Victoire. Véritable œuvre d'art, le TGV Cézanne sillonne la Provence et la France durant l'été 2006.

Le TGV Duplex « Cézanne » sur le viaduc de Ventabren face à la montagne Ste Victoire.

La montagne Ste Victoire de Cézanne sur le TGV Duplex 288.

fra
170
200
230
140
260
110
290
80
320
0
350
IRIS
SSE

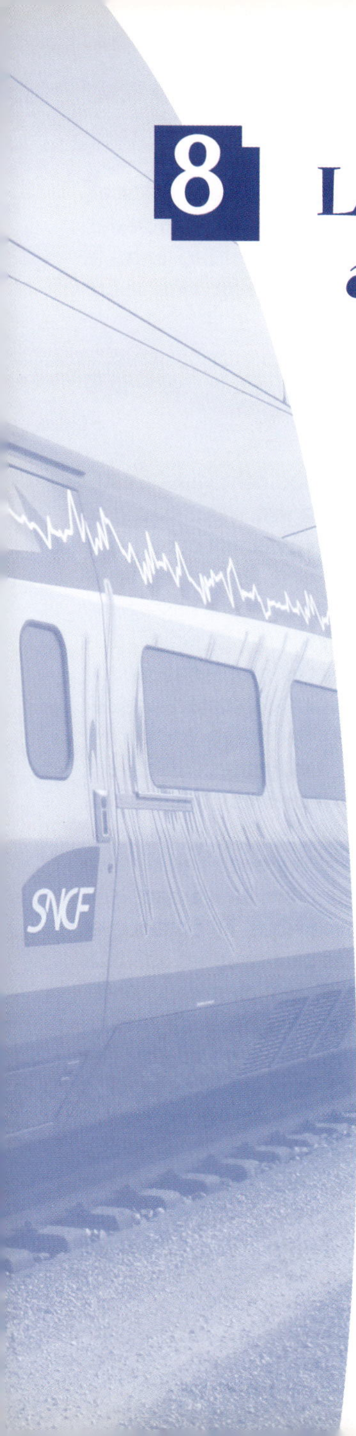

8 La sécurité au cœur des préoccupations

600 TGV par jour qui roulent à 300 km/h en toute sécurité et dans des conditions de confort optimales, c'est l'objectif au quotidien de RFF et de la SNCF. Maintenance, prévention, formation, information sont au centre des préoccupations tout en préparant les TGV du futur.

La mission du pantographe

Pour circuler en traction électrique, les trains captent le courant grâce au système pantographe-caténaire, adopté dès 1974, pour la circulation des TGV. Un impératif pour les ingénieurs ferroviaires : que le contact entre le pantographe et la catenaire soit permanent, parfait et avec une usure minimum des matériaux.

Sur le toit des motrices (ou des locomotives) se trouve un pantographe, un système articulé métallique permettant un appui permanent de l'archet frottant sur le fil de contact de la catenaire.

La catenaire est le système de fils aériens suspendus au-dessus de la voie et fournissant le courant (25000 volts alternatif ou 1500 volts continu). Il comporte un fil porteur supportant un fil de contact de cuivre par l'intermédiaire de fils verticaux appelés « pendules ». L'ensemble est suspendu aux poteaux catenaires.

Le Pantographe :

comment garder le contact ?

Pour réduire l'usure provoquée par le frottement de l'archet du pantographe sur le fil de cuivre, la catenaire est disposée en « zig-zag » au-dessus de la voie. Le frottement ne se fait jamais au même endroit, mais est ainsi réparti sur toute la longueur de l'archet. Ceux-ci sont équipés de carbone pur au niveau de la bande de frottement, ce qui n'use que très peu le cuivre du fil de contact.

Pour que le contact pantographe-catenaire soit permanent, il faut réduire au maximum le soulèvement opéré par le pantographe sur le fil. Plus la vitesse du train est élevée, plus le passage du pantographe sur le fil est rapide, plus ce soulèvement est problématique : on risque un défaut de contact préjudiciable aux installations en fonction des très fortes intensités dégagées (jusqu'à 10 mégawatts). Il faut intensifier la tension des fils de cuivre pour assurer une plus grande rigidité de la caténaire tout en lui gardant son caractère dynamique et élastique et concevoir des pantographes spéciaux pour les TGV. Les premières rames Sud-Est sont équipées de pantographes à double étage de pression composés de deux éléments mobiles qui compensent à grande vitesse les variations infimes d'altitude de la catenaire. Les TGV plus récents reçoivent des pantographes de conception plus simple, dénommés « Grand Plongeur Unique » ou « Cx » à pression par coussin d'air.

Pantographe double étage sous catenaire 25000 volts.

Pantographe sous catenaire 1500 volts.

Rouler à 300 km/h en toute sécurité

Pour que le conducteur du TGV puisse être sûr de pouvoir rouler à 300 km/h sans rattraper le train précédent, un système de signalisation très performant est mis au point par les ingénieurs : la TVM 430. Son rôle : permettre au conducteur de connaître en permanence la vitesse limite qu'il peut atteindre en toute sécurité.

Les principes sécuritaires de base de la circulation des trains reposent sur trois impératifs : ne pas « rattraper » le train qui précède, éviter les collisions au croisement des lignes et éviter le « nez à nez » de deux trains circulant en sens opposé sur la même voie. Contrairement aux automobiles qui roulent « à vue », les trains circulent en respectant des signaux implantés le long de la voie. A des vitesses de 250 à 300 km/h, la perception de ces signaux par le conducteur risque de devenir très fugitive voire aléatoire en cas de mauvaises conditions climatiques.

La signalisation de cabine à bord du TGV Sud-Est – affichage de la vitesse limite 270 km/h

Pour assurer une sécurité optimale, les ingénieurs ont mis au point un système dit de « cab-signal » qui permet d'afficher les signaux sur les pupitres de conduite des TGV et en permanence sous les yeux du conducteur. Appelé TVM 430 (transmission voie-machine) il fonctionne avec du courant circulant dans les rails, capté en permanence par un dispositif placé sous les motrices TGV.

Il ne s'agit pas d'un système de conduite automatique car le conducteur est libre de réguler sa vitesse avec un impératif : respecter l'horaire du train, ne circuler ni en avance, ni en retard. Cependant ce système vient faciliter son travail avec des dispositifs d'aide à la conduite comme le contrôle continu de vitesse. En cas de dépassement de la vitesse, le système freine automatiquement le TGV.

Le conducteur dispose devant lui d'indications de vitesse limite ou encore de feux rouges imposant l'arrêt absolu. Ce système permet à tout moment d'intervenir sur la circulation du TGV depuis le poste d'aiguillage en faisant afficher une limite de vitesse sur le pupitre de conduite du conducteur. Avec la TVM 430 les TGV peuvent se succéder à 300 km/h toutes les 3 minutes dans une sécurité absolue. Demain, un nouveau système de « cab-signal » dénommé ERTMS (European Rail Traffic Manager) équipera les lignes européennes à grande vitesse, comme la ligne TGV Est Européen.

« Cab-signal » : des signaux en cabine de conduite

Repère de signalisation sur les lignes à grande vitesse.

Comment conduire un TGV

600 TGV roulent quotidiennement sur le réseau TGV. Avant d'atteindre le 300 km/h, des milliers de conducteurs doivent être formés à la technique et aux procédures de la grande vitesse.

On rêve souvent de conduire un train. Mais avant de rouler à 300 km/h, il faut plusieurs années d'expérience à la conduite d'autres trains moins rapides (trains de fret, TER ou « corail »).

Pour conduire un train, il faut trois autorisations. Tout d'abord, le permis de conduire qui s'acquiert à la SNCF au cours d'une année de formation : règlements, procédures et stages terrain. Puis, le futur conducteur doit connaître les lignes qu'il va parcourir, savoir où freiner pour s'arrêter à quai. La troisième connaissance nécessaire est le fonctionnement de la locomotive ou du TGV qu'il pilotera au quotidien. Il peut alors s'élancer sur les rails, mais en montant progressivement en vitesse d'année en année. La consécration arrive après environ quinze ans : l'autorisation de rouler à 300 km/h. Il devient « TGViste ».

Pour devenir « TGViste », la fomation passe par les simulateurs

Pour cette formation, la SNCF utilise des simulateurs qui n'ont rien à envier à l'aéronautique. C'est à Hellemmes près de Lille que viennent en stage de nombreux apprentis de la grande vitesse.

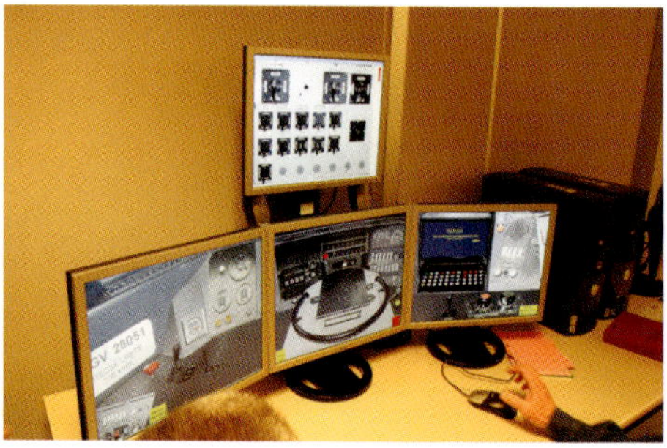

Simulateurs de formation à la conduite TGV au centre d'Hellemmes.

Entre Séoul et Pusan, un conducteur TGV coréen à 300 km/h.

Plusieurs simulateurs forment les agents en les faisant réagir face à des situations d'incident simulées par informatique. Mais des simulateurs de mission sur vérins électriques placent le futur conducteur TGV en situation. De véritables cabines de conduite restituent trois sensations : le bruit, la vision et le mouvement. Au travers du pare-brise, le conducteur se trouve sur une ligne choisie par le formateur au travers d'images de synthèse qui restituent fidèlement la réalité. On peut ajouter à la demande un ciel sombre, la nuit et même du brouillard. La cabine réagit comme une vraie rame en s'inclinant suivant les courbes, les accélérations et les freinages : on s'y croit vraiment !

Contrairement à ce que l'on pense, le conducteur d'un train ne dispose d'aucun pilotage automatique même à 300 km/h ! Certains automatismes sont de simples aides à la conduite. Seul la femme ou l'homme peut réunir les conditions d'une conduite sécuritaire, souple, économique et réactive en cas de problème. On ne fait pas mieux !

Une rame TGV Atlantique levée aux ateliers de Châtillon (2003).

Maintenance et sécurité

Pour rouler tous les jours à 300 km/h avec une sécurité optimale et dans les meilleures conditions de confort pour les clients de la SNCF, 4 ateliers du matériel entretiennent au quotidien et 24h/24 plus de 400 rames TGV.

La SNCF dispose de plus de 400 rames TGV en 2006. Leur entretien est assuré au quotidien par 4 ateliers de maintenance : TGV Paris- Sud-Est (sites de Villeneuve et Paris Conflans), Châtillon (TGV Atlantique), Landy (TGV Nord, Eurostar et Thalys) et Technicentre Est Européen (sur les communes de Pantin et Bobigny).

Hormis des signalements de problèmes par les contrôleurs, conducteurs et agents du matériel, les rames TGV sont soumises périodiquement à des examens de contrôle préventifs au niveau de la sécurité des circulations : systèmes de freinage, systèmes de signalisation embarquée, systèmes de transmission et de communication, du fonctionnement d'ouverture et de fermeture des portes,...

Le confort est également traité de manière préventive : vérification de la

Destinée à rouler durant trente ans, chaque rame fait l'objet de multiples contrôles et rénovations

climatisation, de l'état du confort des fauteuils, du fonctionnement de l'éclairage et des toilettes.

La propreté est une priorité de la SNCF : en entrant dans les sites de maintenance, chaque rame TGV passe entre les brosses d'une machine à laver pour la propreté extérieure. La propreté intérieure est confiée à une entreprise spécialisée : passage de l'aspirateur sur les sièges et les moquettes, nettoyage des vitres, des tablettes, des poubelles ainsi que des toilettes. Une fois par an, chaque rame fait l'objet d'un nettoyage intérieur très approfondi.

De nombreuses visites sont programmées pour chaque rame TGV selon les kilomètres qu'elle parcourt : examens en service tous les 5000 km, examens mécaniques, examens du confort et de la caisse, visites limitées (tous les 240 000 km), visites générales (tous les 480 000 km) et grandes visites générales (tous les 960 000 km).

Après 15 années de circulation, les rames TGV subissent dans d'autres ateliers (Bischheim, Hellemmes et Romilly) une opération de rénovation totale à « mi-vie », où toutes les composantes de la rame (des roues aux vitres des voitures en passant par la peinture extérieure) sont remplacées.

Maintenance sur une motrice TGV Sud-Est à Hellemmes (2000).

Maintenance d'un TGV Duplex à Villeneuve St Georges (2006).

L'atelier d'entretien 6 voies.

Le Technicentre Est Européen

Parmi les 4 ateliers de maintenance du matériel pour entretenir les TGV au quotidien, le Technicentre Est Européen (situé sur les communes de Pantin et de Bobigny), inauguré le 6 avril 2006, est dédié au TGV Est Européen.

Dans cet atelier de 23000 m² sur un site de 28 hectares, 500 agents du matériel travaillent en permanence 24h/24 avec un objectif : assurer une disponibilité en permanence de 80% des rames du TGV Est Européen. Situé à 5 km de la gare de Paris Est, l'atelier assure la maintenance de 52 rames TGV : 33 rames destinées aux relations de l'Est de la France et 19 autres pour les relations internationales vers la Suisse et l'Allemagne.

Ces 52 rames, qui rouleront à la vitesse de 320 km/h, sont équipées d'un système de transmission d'information par GSM-R (global System for Mobile-Railways). Ce système embarqué renseigne à distance et en permanence l'atelier du Technicentre sur l'état des différents équipements des rames TGV. Après son arrivée en gare de Paris Est, la rame TGV est prise immédiatement en charge par les agents du matériel du Technicentre, ceux-ci connaissant déjà les travaux de maintenance à effectuer.

Avec le Technicentre Est Européen, chaque rame effectue un passage en atelier toutes les 72 heures

De nombreux appareillages ultra-modernes permettent d'intervenir avec rapidité et efficacité sur les TGV. Une voie est équipée d'un système pour lever l'intégralité d'une rame TGV (soit 400 tonnes sur une longueur de 200 mètres) en 10 minutes et au millimètre près - un record mondial de précision - pour changer intégralement tous les bogies et les roues en un minimum de temps. Un tour en fosse permet de reprofiler un ou plusieurs essieux d'une rame sans la démonter. Des installations de toiture autorisent une intervention rapide sur les pantographes en toute sécurité. Un magasin de stockage des pièces de rechange entièrement robotisé est capable d'effectuer 56 mouvements par heure pour livrer le matériel aux agents chargés de la maintenance.

Le Technicentre Est Européen a programmée chaque année 100 rendez-vous sur son site pour chacune des 52 rames du TGV Est Européen, soit un passage en atelier de chaque rame toutes les 72 heures : le prix du confort et de la sécurité des TGV qui tous les jours vont rouler à 320 km/h.

Un TGV levé sur vérins.

Une rame TGV Duplex devant le Technicentre.

La rame TGV IRIS 320.

IRIS 320 ausculte les voies

Avec le TGV Est Européen en 2007, le réseau français à grande vitesse comptabilise 1800 km. Pour optimiser sa maintenance, la SNCF a équipé une rame TGV en laboratoire unique au monde. Ella est baptisée du nom de code « IRIS 320 ».

La surveillance et la maintenance de l'infrastructure ferroviaire sont primordiales pour la sécurité des millions de voyageurs qui empruntent le TGV. La SNCF a équipé la totalité d'une rame TGV en laboratoire roulant, dont la prouesse technologique est de pouvoir surveiller ces installations tout en circulant à la vitesse de 320 km/h sans perturber les autres TGV.

Cette rame TGV tri-courant est dotée de 150 capteurs, de 13 antennes de toiture, de 20 km de fibres optiques, de 30 km de fils de cuivre, de 2 postes

IRIS 320, un labo itinérant en permanence !

de vigie (au-dessus de la toiture) pour l'observation des caténaires, de 20 caméras rapides (400 images/seconde), de 50 écrans plats et de 10 imprimantes laser. Dix ingénieurs peuvent y travailler en permanence. Toutes les données brutes sont traitées directement à bord de la rame pour être exploitées en temps réel.

IRIS 320 contrôle la voie (géométrie, tables de roulement, interactions véhicule-voie), la signalisation (lignes à grande vitesse et lignes classiques), les caténaires (relations du couple pantographe-fil de contact, les phénomènes des arcs électriques) et les télécommunications (réseaux numériques GSM et liaisons radio). Lors des analyses, le système informatique embarqué transmet directement « à terre » les anomalies aux établissements chargés de la maintenance, qui interviennent le plus rapidement possible. Toutes les données recueillies sont stockées pour une période de 20 ans sur un serveur dédié.

La rame IRIS 320 circule en « autonome » du lundi au vendredi. L'équipe constituée de 7 ingénieurs techniciens et de deux conducteurs TGV embarque pour une semaine et vit complètement à bord. IRIS 320 est le seul TGV à être équipé de 10 cabines de nuit (type bateau) avec lit et placard, de deux douches et d'une salle de restauration détente avec cuisine. Une salle de réunion et un salon peuvent accueillir des chercheurs travaillant sur le TGV de demain. Les performances de la rame TGV IRIS 320 sont uniques au monde.

Un des postes de mesures.

Un compartiment couchette TGV.

Six lettres pour superviser le trafic TGV

Le suivi de la circulation des trains est la mission des agents de sécurité de chaque gare. Mais pour chaque ligne TGV, un poste unique d'aiguillage et de régulation supervise le trafic. Pour une vision d'ensemble, la SNCF a installé en gare Saint-Lazare le Centre National des Opérations.

Pour suivre le trafic, chaque ligne TGV est équipée d'un poste d'aiguillage et de régulation (PAR). Pour la ligne Sud-Est, cette tour de contrôle se trouve près de la gare de Lyon. Un régulateur transport surveille les TGV qui circulent sur les 417 km de ligne de Paris à Lyon sur un grand tableau synoptique où il visualise leur position. Il dispose de la commande de 348 itinéraires répartis sur toute la ligne et peut contacter à tout moment les conducteurs des TGV par la radio sol-train. Un deuxième régulateur s'occupe d'alimenter la ligne en courant 25 000 volts à partir des sous-stations où l'EDF livre l'énergie. Deux autres cheminots sont présents en permanence à leurs côtés pour suivre l'utilisation des rames TGV et leur équipement en conducteur et contrôleur. Ils doivent surveiller au quotidien l'exécution du plan de transport.

Le CNO, Big Brother au service de la sécurité

Depuis 1999, la SNCF possède un super poste de commandement

Vue panoramique du CNO Centre International des Opérations en gare Saint-Lazare.

Surveillance de l'axe Paris-Marseille TGV au CNO.

Le poste d'aiguillage et de régulation du TGV Sud Est.

pour surveiller le trafic au niveau national. Si les lignes TGV possèdent chacune leur propre poste d'aiguillage et de régulation, la densité du trafic impose d'avoir une vision d'ensemble du trafic pour réagir au plus vite en cas de situation perturbée. Le CNO (Centre National des Opérations) est situé gare Saint-Lazare. Dans une très longue salle spécialement aménagée, plusieurs techniciens se relaient 24h/24 pour surveiller l'ensemble du trafic de la SNCF par l'intermédiaire de nombreux logiciels informatiques. La totalité de la ligne TGV de Paris à Marseille est représentée sur un écran géant où l'on distingue la position géographique de chaque train, son numéro et son retard éventuel. Cette organisation permet d'anticiper en cas de problème dans le but d'une meilleure prise en charge des clients et bien entendu d'une meilleure information. Au sein du CNO sont regroupés des agents des activités infrastructure, fret et voyageurs. Le CNO se prépare également pour l'avenir : la surveillance du trafic du TGV Est qui sera également européen.

Une biche à proximité d'une ligne à grande vitesse.

Profession : chasseur pour TGV

L'emprise des lignes à grande vitesse est entourée par des clôtures pour éviter la pénétration de personnes ou d'animaux dans « la zone dangereuse ». Pourtant de nombreux animaux trouvent refuge dans ces zones et traversent dangereusement les voies. Un nouveau métier apparaît : le chasseur pour TGV.

Les voies à grande vitesse sont entourées d'emprises plus ou moins importantes délimitées par des clôtures. Dans cette zone protégée, personne ne peut pénétrer mais les animaux, pas si « bête » que cela, réussissent à franchir ces clôtures pour venir y trouver refuge. Après les grands travaux de génie civil, la nature reprend vite et les emprises des lignes deviennent des zones fortement boisées de part et

René Favre, cheminot, mais aussi chasseur pour TGV

d'autre des voies, les mammifères savent qu'ils n'y rencontrent pas les hommes. Mais parfois ils traversent les voies sans faire attention aux TGV et sans respecter les consignes de prudence.

En 2003, on ne comptabilise pas moins de 45 collisions avec des chevreuils, des biches, des sangliers ou des renards. Ces chocs à 300 km/h sont violents. Il ne reste pas grand-chose du pauvre animal et les TGV sont endommagés ainsi que de nombreuses installations situées sous la caisse des motrices. Ces accidents entraînent des retards préjudiciables pour les clients de la SNCF.

On chasse depuis longtemps les lapins et les oiseaux sur les plate formes aéroportuaires pour des raisons de sécurité. C'est pourquoi la SNCF a créé en 2001 un poste de chasseur pour TGV. Un cheminot, également chasseur, René Favre, a accepté ce poste. Sa mission est de parcourir les 200 kilomètres de la ligne TGV qui traverse la Bourgogne pour déloger les « intrus » des emprises ferroviaires.

Quotidiennement, il traque les lapins, les renards, les blaireaux, les sangliers et les autres ! Bien entendu, il n'est pas question pour lui de tuer toutes les bêtes. Il préfère les déloger et les remettre hors des emprises ferroviaires : sa mission est du domaine de la prévention et de la sécurité plus que de la chasse.

Le succès de sa mission est immédiat. En 2004, les collisions avec les animaux sauvages ont diminué de moitié. La SNCF pérennise ce poste et un deuxième chasseur pour TGV est embauché pour la partie nord du TGV Sud-Est vers l'Yonne et la Seine et Marne.

Le TGV MX100

Le TGV de demain : vitesse et services

La possibilité de rouler à 350 km/h sur les futures lignes TGV est un dossier étudié par la Direction de la Recherche de la SNCF. Il porte sur l'étude du comportement des rames, l'exploration des problèmes de confort, de captation du courant, de suspension, de freinage, et la maintenance. Mais c'est surtout le bruit qui inquiète.

Le bruit ferroviaire extérieur est préoccupant pour rouler demain à 350 km/h. Il est constitué du bruit de roulement, du bruit de rayonnement acoustique de la voie et du bruit aérodynamique. Le bruit de roulement provient d'infimes rugosités se trouvant sur les rails provo-

Dessin du futur TGV MX100

Plus vite, plus loin, en toute sécurité et avec un minimum de nuisances

quées par le passage répété des roues. On y remédie par un meulage des rails et par l'utilisation de matériaux composites pour les semelles de frein moins agressifs pour la roue.

Des recherches sont également effectuées au niveau du rayonnement acoustique de la voie. Des absorbeurs de bruit sont disposés sur le côté du rail afin de vibrer à la place du rail et de réduire le bruit ferroviaire d'environ cinq décibels.

Mais à partir de 320 km/h, c'est le bruit aérodynamique qui l'emporte, constitué par le passage d'éléments saillants tels que le pantographe et les bogies. Une solution est la mise en place de carénage au niveau des roues.

La voie TGV est constituée de deux rails en acier (poids de 60 kilos par mètre) tenus par des traverses en béton armé (1666 traverses par kilomètres), le tout étant posé sur un lit de ballast d'une épaisseur de 30 centimètres. La très grande vitesse entraîne des turbulences qui soulèvent ces cailloux venant taper sous les caisses des TGV. La pose de la voie sur des dalles entièrement de béton se révèle comme une solution d'avenir.

Plus on roule vite, plus il faut pouvoir freiner. De nouvelles techniques apparaissent : disques à haute performance, frein électrique et freins à courant de Foucault.

Mais c'est sur l'amélioration des services que travaille surtout la SNCF. Le TGV de demain doit être adapté aux besoins des clients : travailler, se reposer, communiquer. La transmission de l'information est primordiale : trouver ses horaires, savoir ce qui se passe, informer et assurer une meilleur fiabilité et sécurité de l'exploitation.

ANGLÈS Jean-Michel -

SNCF

9 Demain, à l'est du nouveau !

L'aventure TGV continue vers l'Est. Une ligne véritablement européenne pour desservir le Luxembourg, la Suisse et l'Allemagne.

Les ICE allemands y côtoieront les TGV.

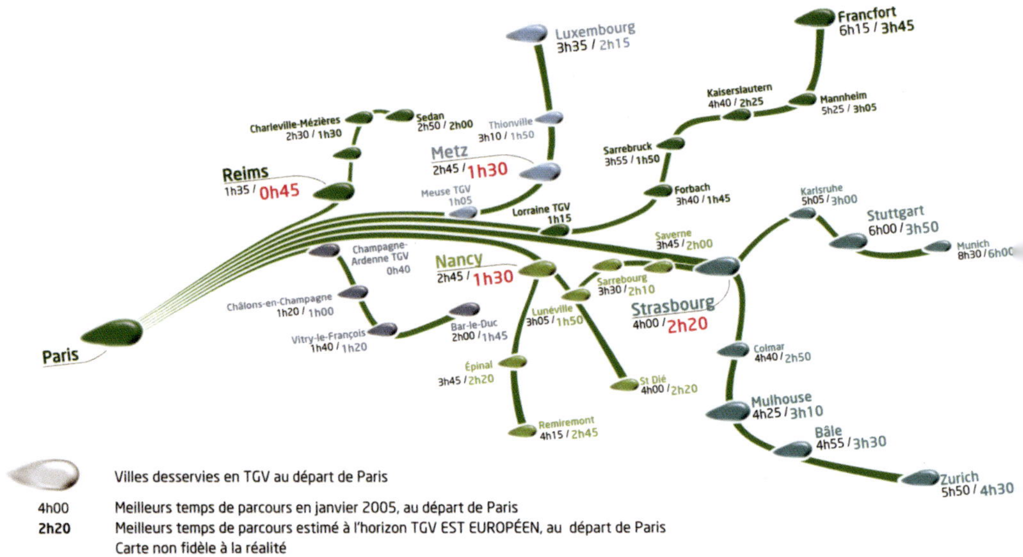

carte des dessertes du TGV Est.

A 320 km/h vers l'est de l'Europe

Après des années d'attente, l'est de la France accède au réseau à grande vitesse. Réseau Ferré de France construit 300 km de lignes entre Paris et La Lorraine avant d'atteindre l'Alsace et le Rhin. Un plus : les TGV roulent à 320 km/h.

La ligne à grande vitesse Est Européenne représente la construction de 300 km entre Vaires sur Marne et Baudrecourt entre Metz et Nancy. Une deuxième phase comprend 106 km supplémentaires jusqu'à Vendenheim près de Strasbourg. De longues années de préparation ont permis de définir un mode de financement original et un tracé qui intègre l'environnement. C'est la première ligne TGV à être co-financée par l'Etat, les collectivités publiques, le Grand Duché du Luxembourg, l'Union Européenne, la SNCF et RFF, un projet de 3,125 milliards d'euros.

La nouveauté de cette ligne est sa vitesse de 320 km/h et son nouveau système de signalisation européen pour accueillir divers matériels à grande vitesse. En 2007, les trains ICE allemands y côtoieront les TGV français. Le TGV Est Européen va relier l'est de la France à Paris, au nord, à l'ouest et au sud-ouest par la ligne de contournement de la capitale, et permet des relations européennes à grande vitesse vers le Luxembourg, la Suisse et l'Allemagne. Ce projet inclut la construction de trois nouvelles gares « Champagne Ardenne », « Meuse » et « Lorraine ». RFF a réalisé la construction d'ouvrages d'art dont 14 viaducs et 24 passages spécialement réservés à la faune.

Cette ligne intègre de nombreuses préoccupations environnementales. Le tracé retenu passe loin des zones habitées, évite les milieux naturels et respecte le patrimoine culturel tout en s'intégrant le plus possible dans le paysage et en respectant la réglementation sur le bruit.

Cette nouvelle ligne porte à 1800 le nombre de kilomètres exploités à grande vitesse, une nouvelle étape du réseau TGV avec la mise en service le 10 juin 2007 de 100 TGV supplémentaires. La SNCF estime à 37 millions le nombre de Français et d'Européens intéressés par ces nouvelles relations.

Une nouvelle ligne qui porte à 1800 le nombre de kilomètres exploités à grande vitesse

Le réseau ferroviaire européen s'enrichira bientôt d'autres projets : le TGV Rhin-Rhône, le Sud-Europe Atlantique vers Bordeaux, Perpignan Figueras, la Bretagne, la Côte d'Azur... La grande vitesse et TGV se promettent un bel avenir.

Maquette de la Gare « Meuse TGV »

Paris - Luxembourg en TGV

L'arrivée d'un TGV est toujours un événement. Le dimanche 25 juin 2006, 350 jours avant la mise en service du TGV Est-Européen qui va desservir l'est de la France à la vitesse de 320 km/h, la SNCF remplace les Corail par des TGV entre Paris et Luxembourg. C'est le septième pays d'Europe à être relié à la France en TGV.

17h00, dimanche 25 juin 2006, la gare de l'Est à Paris connaît une effervescence particulière sur le quai 6 revêtu d'un tapis vert, couleur du TGV Est Européen. Le Corail de 17h53 pour Luxembourg est remplacé par un TGV. Celui qui entre en gare est particulier. Si les aménagements intérieurs sont dus au talent de Christian Lacroix, les deux motrices ont quitté leur couleur bleu argent pour une livrée événementielle. Deux étudiants dans le cadre d'un concours ont imaginé cet habillage particulier. Marco Mueller de Munich et Pierre-Emmanuel Petit de Paris illustrent ainsi par leur dessin de couleur vert et jaune les valeurs du TGV Est Européen.

« On a changé de siècle »

Si la SNCF met en service le TGV entre Paris et Luxembourg un an avant l'ouverture de la ligne à

Le 1er TGV à destination de Paris-Est au départ de la gare de Luxembourg le 26 juin 2006.

grande vitesse, c'est pour permettre de former en situation réelle tous ses agents des gares, des trains, des centres de maintenance et les conducteurs. Les clients vont également s'habituer à ce nouveau mode de transport. Quatre allers-retours quotidiens de TGV remplacent les trains Corail sur cette ligne de l'est de la France. 25 ans après le TGV Paris Lyon, le TGV émerveille toujours ses voyageurs même en ne circulant qu'à 160 km/h. « On a « changé » de siècle », déclarent même certains voyageurs pour Thionville qui reçoivent pour l'occasion un petit cadeau souvenir, un bambou qui progressera tout au long de l'année comme les travaux

L'arrivée d'un TGV suscite toujours l'émotion comme le lundi 26 juin au matin en gare de Luxembourg. Le ministre luxembourgeois des transports est venu en personne, entouré de cheminots, de journalistes, d'élus et de voyageurs, pour donner le départ du premier TGV pour Paris. L'Europe ferroviaire progresse et le réseau TGV agrandit son rayon d'action. C'est à partir du 10 juin 2007 que le TGV Est-Européen dessert l'Allemagne, la Suisse et le Luxembourg à 320 km/h depuis Paris.

Le 1er TGV à destination de Luxembourg au départ de la gare de l'Est le 25 juin 2006.

SNCF
531

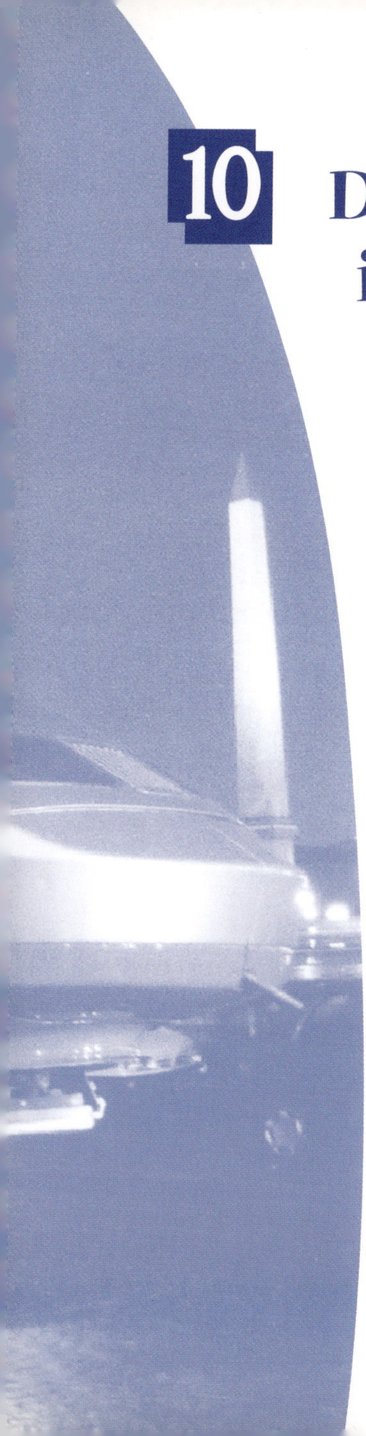

10 Des TGV inattendus

Le TGV est mondialement connu :

il s'exporte, il s'expose,

il se collectionne.

On parle même d'une passion TGV.

La motrice TGV 531 passe devant l'obélisque de la Concorde.

De la voie aux Champs par Paris

Au printemps 2003, cinq millions de visiteurs se pressent autour de 32 matériels ferroviaires exposés sur les Champs Elysées. Pour « Le Train Capitale » une motrice TGV sillonne les rues de Paris avant de prendre place sur la plus belle avenue du monde.

En mai 2003, Gad Weil s'associe à la SNCF, Alstom, Bombardier et Siemens pour faire de la plus belle avenue du monde, la gare la plus originale. Du Rond-point des Champs Elysées à la place de la Concorde, on peut visiter 32 matériels représentant 150 ans d'histoire ferroviaire, de la locomotive à vapeur aux autorails TER en passant par les trains de Fret. Le 1er juin, une voie est posée dans la nuit au milieu des Champs entre la Concorde et l'arc de Triomphe pour la circulation d'un train éphémère.

Une motrice TGV fait partie de l'exposition, mais comment l'amener au pied des chevaux de Marly ? On retient la solution du ferroutage à l'envers, le TGV voyage sur camion. Le lundi 5 mai 2003, une motrice de la rame 531 est chargée sur une remorque routière près des grands moulins de Pantin. C'est le premier véhicule ferroviaire à transférer vers les Champs.

Combien de temps faut-il au TGV pour traverser Paris ?

La traversée de Paris va être longue ! Le convoi de 3 camions (une motrice, une voiture TGV et un autorail TER) prend le départ à 20h00 sous bonne escorte des forces de l'ordre. Ce convoi très exceptionnel se dirige vers la Seine par les boulevards des Maréchaux où il croise des avions Mirage et un char Leclerc ! Mais un poteau de signalisation stoppe sa route au carrefour du Pont d'Austerlitz empêchant le camion de tourner, il n'était pas sur les plans. Après avoir réveillé l'architecte des ponts de Paris, on décide de franchir le Pont malgré un poids limite. Ouf ! le TGV ne bloquera pas les voitures le lendemain. D'autres rues très étroites imposent des manœuvres invraisemblables, il faut éviter de passer au-dessus des carrières du 13e arrondissement. Après un détour par la Porte d'Orléans, les Invalides et le Pont d'Alma, c'est vers 7 heures du matin que le TGV tourne autour de l'obélisque et remonte les Champs Elysées pour être déchargé sur une voie par les militaires du 5e régiment du Génie. Le train le plus rapide du monde aura mis 11 heures pour traverser la capitale : un vrai record !

La motrice TGV 531 traverse sous la pluie la place Daumesnil.

Le TGV sur sa voie d'exposition aux Champs Elysées.

Le KTX inaugural en gare de Séoul (Corée du Sud) le 1er avril 2004.

Le TGV au pays du matin calme

Le 30 mars 2004, Louis Gallois, Président de la SNCF, et Patrick Kron, Président Directeur Général d'Alstom, entourent le premier Ministre de la République de Corée du Sud en gare de Séoul pour l'inauguration du KTX « Korea Train eXpress ». C'est le premier pays d'Asie qui choisit le TGV pour la grande vitesse ferroviaire.

En passant par la gare de Séoul, vous n'êtes pas dépaysé : vous empruntez un TGV construit par Alstom. 46 rames desservent cette relation depuis 2004. Après une compétition avec l'ICE allemand et le Skinkansen japonais, c'est la technologie française TGV qui est retenue en 1994. Le TGV Coréen, appelé KTX est un dérivé du TGV Réseau. Composé de 18 remorques encadrées de deux motrices, la rame d'une longueur de 400 mètres et d'une puissance de 13200 kW, transporte 935 voyageurs à la vitesse de 300 km/h.

L'excellence ferroviaire française présente en Asie

Mais la Corée du Sud doit au préalable construire une ligne nouvelle de 412 kilomètres de long. Elle fait appel aux compétences françaises du Groupe SNCF pour l'aider dans les contrats de génie civil. Des ingénieurs français de Systra participent aux études de construction des ouvrages

Un KTX en essai après un parcours Pusan-Séoul à 300 km/h (2004).

d'art, supervisent les travaux de pose de voie, définissent la politique de maintenance des rames et organisent la formation des personnels. AREP, autre filiale de la SNCF, se voit confier la conception de la nouvelle gare de Gwangmyeong au sud de Séoul avec 8 voies à quai. SNCF International intervient en assistance pour les travaux d'électrification et la maintenance de la ligne nouvelle.

Avant la mise en service, de nombreux ingénieurs d'Alstom et des techniciens de la SNCF vivent quelques mois à la Coréenne. Georges Devaux, directeur du TGV Méditerranée, rejoint cette équipe pour assurer la réussite de la mise en service du train français le plus rapide du monde, sur le continent asiatique. Si la ligne et le matériel TGV sont identiques aux nôtres, les cheminots français se heurtent à la langue. Lors des formations en ligne, les conducteurs TGV français sont accompagnés d'une traductrice pour pouvoir dialoguer avec les futurs « TGVistes » coréens.

L'excellence ferroviaire française est toujours mondialement reconnue. Après la Corée, c'est à Taïwan que nos conducteurs de TGV forment d'autres conducteurs asiatiques à la grande vitesse, mais cette fois-ci pour piloter des Shinkansen japonais.

Le Président de la SNCF Louis Gallois et le personnel de bord du KTX (2004).

Des milliers de TGV de toutes les tailles

Quel est le plus grand constructeur de TGV ? Alstom à Belfort ? Non, Alain Pras à Paris ! Depuis 25 ans, ce passionné de chemin de fer a fabriqué près de 10000 TGV dans son atelier de la Cour Saint-Eloi. Une particularité : il s'agit de maquettes.

En chaque homme sommeille un enfant ! La maquette est l'objet avec lequel on peut faire les rêves les plus fous. Alain Pras est un passionné de trains et de maquettes. En 1978, au moment où Alstom fabrique les premiers TGV Sud-Est, il propose à la SNCF de les reproduire en modèle réduit. Il ne s'agit pas de « petits trains » pour les enfants ou les passionnés, mais de maquettes destinées à l'événementiel. Cadeaux pour l'inauguration d'une ligne, souvenir pour un départ en retraite ou encore démonstration à la télévision, les maquettes d'Alain Pras témoignent partout de l'incroyable aventure du TGV. Même Louis Gallois et Jacques Chirac, qui en a fait don à son musée de Sarans, en possèdent une.

Alain et ses TGV dans son atelier parisien (2006).

Mais l'artiste ne s'arrête pas là, c'est un homme de défi. Il reproduit à l'échelle 1 des pupitres de conduite. L'ambassadeur d'Australie peut réaliser son rêve : conduire un TGV en plein milieu du Grand Palais rénové. Et comme Alstom, Alain Pras construit des nez de TGV grandeur réelle aussi vrais que nature, mais en matériaux composites. Grâce à lui, le TGV peut sortir des rails et être présent dans la ville. Sao Paulo, Santiago du Chili et même Paris ! En février 2006, la maquette d'un TGV

L'équipe d'Alain Pras et son TGV échelle 1 devant la bourse de New York (1998).

Est Européen est posée devant la Tour de la gare de Lyon pour les 25 ans du TGV.

A lui seul, Alain Pras a fabriqué près de 10000 TGV d'un genre particulier

Mais le plus beau souvenir d'Alain Pras est américain. En 1998, il se rend à NewYork à l'occasion de la mise en bourse d'Alstom. Sa mission : mettre en place un TGV devant Wall Street. En une nuit, avec une équipe de 4 personnes, il positionne l'avant d'un TGV Duplex sortant des entrailles de la terre. Pari réussi, les New-Yorkais n'en croient pas leurs yeux. C'est une grande émotion.

Mais sa production n'est pas que ferroviaire. En 2005, il consacre 3000 heures à la maquette au 20e de l'Airbus A 380 Fret qui est présentée au salon du Bourget. Dotée de ses aménagements intérieurs, on peut y voir sur le pont inférieur un bogie de TGV transporté en fret. Ah, la passion du ferroviaire !

Annexes

Carte du TGV

Le calendrier d'une « success story »

1955

Les 28 et 29 mars 1955, la SNCF remporte le record du monde de vitesse sur rails en roulant à 331 km/h, sous courant continu 1500 v, sur la ligne des Landes entre Lamothe et Morcenx. Cette vitesse est atteinte par deux locomotives électriques : la CC 7107 le 28 mars et la BB 9004 le 29 mars, ouvrant ainsi des perspectives sur l'augmentation des vitesses commerciales.

1965

10 ans plus tard, le Ministre de l'Equipement et des Transports, Edgar Pisani, demande officiellement à la SNCF de faire rouler certains de ses trains à la vitesse de

200 km/h. Alors que l'Aérotrain de Jean Bertin, un véhicule sur coussin d'air circulant sur un T de béton renversé, est testé sur une ligne construite entre Artenay et Orléans dès 1965, le Directeur du Matériel et de la Traction, Camille Martin, demande à la DETMT (Division des Etudes de la Traction à Moteur Thermique) d'entreprendre l'étude technique d'un élément automoteur expérimental à turbine à gaz de conception aéronautique. Il s'agit d'étudier des éléments automoteurs type autorail pouvant, en traction thermique autonome, sans construire une infrastructure électrifiée lourde et coûteuse, atteindre des vitesses plus importantes sur le réseau classique de la SNCF.

1966

Dans cette perspective, le Directeur Général de la SNCF, Roger Guibert, crée le 1er août 1966 le Service de la Recherche dans le but de moderniser le système « train roue sur rail » qui est fortement concurrencé par des moyens de transport plus « modernes » tel l'avion. Parmi divers dossiers étudiés par cette nouvelle direction, le projet C03 traite des possibilités ferroviaires sur infrastructures nouvelles. Le 10 avril 1967, ce projet est adopté.

1967

Grâce à l'impulsion de Pierre Sudreau, Président des industries ferroviaires, et André Ségalat, Président de la SNCF, le Capitole est mis en service en 1967 entre Paris et Toulouse, parcourant les 72 km de la section Les Aubrais-Vierzon en Sologne à la vitesse de 200 km/h. Le 200 km/h est rapidement un succès commercial bien que les trains à « 200 », Capitole mais aussi Etendard et Aquitaine (entre Paris et Bordeaux), soient réservés à la clientèle TEE (« Trans-Europ-Express ») en 1ère classe.
Le 25 avril 1967 débutent les essais du TGS (Turbine à gaz spécial), un autorail de 330 kW (X 4365 – XR 8579) transformé en Turbotrain expérimental (X 2061) avec installation d'un turbomoteur Turmo III C de 810 kW construit par Turbomeca. Cet élément atteint la vitesse de 230 km/h le 13 juin. La vitesse record pour cet engin est atteinte le 19 octobre 1971 : 252 km/h.

1968

Le rapport C03 est exposé le 30 août 1968 au Ministre des Transports avec le projet d'une ligne nouvelle entre Paris et Lyon, la ligne classique entre Paris, Dijon et Lyon approchant du seuil de saturation avec la circulation de trains de voyageurs et de trains de fret.

1969

Le gouvernement de Jacques Chaban-Delmas reçoit le projet en 1969 et confie à l'Ingénieur général Coquand une mission sur la « desserte du Sud-Est de la France à grande vitesse », ce qui permet de justifier l'inscription du projet au VIe plan.
Après un appel d'offres en 1967, la SNCF commande, le 11 juillet 1969, au groupement Alsthom-Brissonneau-MTE, 2 rames articulées à turbines TGV 001 et 002 (TGV : Turbotrain à Grande Vitesse, constitué de deux motrices encadrant 3 remorques pour la 1ère et 6 remorques pour la seconde). La rame TGV 002 doit permettre d'explorer le principe de la pendulation, mais elle ne sortira jamais d'usine en raison de la trop grande complexité du système.
En complément des études sur la grande vitesse, la DETE (Division des Etudes de la Traction Electrique) présente un projet de rames à grande vitesse électriques le 1er décembre 1969.

1970

Après les essais fructueux du Turbotrain expérimental TGS, la SNCF met en service, le 16 mars 1970, le premier Turbotrain commercial ETG (Elément à Turbine à Gaz) sur Paris Caen. 2 motrices (une Diesel avec moteur Saurer de 330 kW et une motrice à turbomoteur Turmo III F de 1000 ch).

14 rames de ce type seront construites. Elles cesseront leur activité le 29 mai 1999.

1971

Le 25 mars 1971, le comité interministériel est favorable à une ligne nouvelle Paris-Lyon confiant au Fonds de Développement Economique et Social (FDES) la mission de trouver le financement de ce projet.

1972

Le 4 avril 1972 débutent les essais du TGV 001. Il est constitué de 2 motrices (comportant chacune 2 turbomoteurs de type Turmo X) et de 3 remorques articulées. Le 11 avril, il atteint 160 km/h entre Belfort et Mulhouse, le 10 mai 225 km/h entre Strasbourg et Mulhouse (plaine d'Alsace) et la vitesse de 318 km/h le 8 décembre 1972 sur la ligne des Landes, remportant le record du monde de vitesse sur rails en traction thermique.
En fin d'année, le 1er décembre, la SNCF prend livraison de la rame prototype RTG 01, une nouvelle génération de turbotrains commerciaux.

1974

En 1974, la crise pétrolière remet en cause le choix de la turbine à gaz pour la grande vitesse ferroviaire. Le gouvernement, décidant des mesures dans le cadre de l'indépendance énergétique, réunit un comité interministériel le 6 mars 1974 présidé par Georges Pompidou qui décide de la construction de la ligne nouvelle Paris-Lyon avec équipement en caténaires.
Dès lors, la SNCF multiplie ses essais sur la grande vitesse en traction électrique avec le TGV 001 (qui est équipé d'un nouveau pantographe type AMDE, allégé monophasé à double étage) pour tester le comportement aérodynamique du pantographe, et une automotrice expérimentale « Z 7001 » surnommée Zébulon. Le TGV 001 effectue, entre décembre 1972 et juin 1978, 2244 marches à 250 km/h et 207 marches à plus de 300 km/h ce qui permet à la SNCF d'acquérir de nombreuses connaissances dans le domaine de la grande vitesse ferroviaire.

1976

Après un appel d'offres lancé en février 1975, la SNCF passe une commande auprès d'Alsthom et Francorail MTE, le 12 février 1976, de 87 rames TGV électriques (2 rames de présérie et 85 rames de série) selon une conception de rame articulée (2 motrices encadrant 8 remorques).
Après l'ouverture de l'enquête d'utilité publique en mars 1975 dans les 6 régions qui sont concernées par le projet « Paris-Lyon », la DUP (déclaration d'utilité publique) de la ligne nouvelle TGV Paris-Sud-Est est prononcée par décret le 23 mars 1976.
Le 7 décembre 1976, le premier coup de pioche de la construction de la ligne nouvelle TGV Paris-Sud-Est entre Paris et Lyon est donné en Saône-et-Loire sur le territoire de la commune d'Ecuisses (près de Montchanin).

1978

6 remorques construites à l'usine Alsthom à Aytré et 2 remorques d'extrémité construites chez De Dietrich à Reichshoffen rejoignent l'usine Alsthom de Belfort où sont construites les deux motrices, dès la fin du mois de juin 1978. La rame TGV PSE 01 ainsi constituée de deux motrices encadrant 8 remorques effectue un premier parcours Belfort-Dijon et retour le 24 juillet avant d'être officiellement livrée le 29 aux ateliers SNCF de Bischheim. Les essais à la vitesse de 260 km/h s'effectuent dans la plaine d'Alsace entre Strasbourg et Colmar. La rame 02 la rejoint à partir du 12 décembre 1978 pour tester les circulations en UM (unité-multiple).

1979

La décision est prise de construire la ligne nouvelle TGV Paris-Sud-Est, d'une longueur de 409 kilomètres, en 2 phases : de Saint-Florentin à Sathonay au Sud et de Combs-la-Ville à Saint-Florentin au Nord. Le 7 août 1979, les premiers essais à grande vitesse des 2 premières rames de série sont entrepris sur l'infrastructure nouvelle.

1981

Le 26 février 1981, la rame de série n°16 du TGV Paris-Sud-Est, composée de 2 motrices encadrant 5 remorques, atteint la vitesse de 380 km/h sur la voie 2 près de Pasilly (Yonne) remportant ainsi le record du monde de vitesse sur rails.
Le 10 septembre 1981, le sommet franco-britannique décide d'étudier conjointement l'intérêt et la faisabilité d'une liaison fixe « transmanche ».
Le mardi 22 septembre, François Mitterrand, Président de la République, et André Chadeau, Président de la SNCF, inaugurent officiellement la première ligne française à grande vitesse TGV Paris Sud-Est en gare du Creusot-Montchanin-Monceau-les-Mines après un parcours à 260 km/h en provenance de Lyon, à bord de la rame n°16. François Mitterrand demande officiellement à la SNCF « de préparer le projet de Train à Grande Vitesse « TGV Atlantique ».
Le 27 septembre 1981 est mise en service commercial la première section de la LN1 (ligne nouvelle n°1) Paris-Sud-Est entre Saint-Florentin et Sathonay sur 271,414 km (vitesse limite 260 km/h, temps de parcours de Paris à Lyon en 2h40). Le TGV relie Paris à Lyon, St-Etienne, Dijon, Besançon et Genève.

1982

Un rapport de l'Ingénieur Général Rudeau remet ses conclusions sur la ligne TGV Atlantique, confirmant la rentabilité du projet.
La vitesse des TGV est portée de 260 à 270 km/h sur la ligne TGV Paris-Sud-Est.

1983

Le 25 septembre 1983 est mise en service commercial la deuxième section de la LN1 Paris-Sud-Est entre Combs-la-Ville et Saint-Florentin sur 117,9 km (totalité de la LGV : 389,314 km entre Combs-la-Ville et Sathonay-Rillieux, vitesse : 270 km/h, temps de parcours : 2h00).

1984

Une enquête d'utilité publique est ouverte entre le 10 septembre et le 10 octobre 1984 sur le tracé du TGV Atlantique.
Un rapport démontre la viabilité financière d'une ligne à grande vitesse du TGV Nord Europe entre Paris, Bruxelles et Cologne.

1985

La déclaration d'utilité publique de la LN2 TGV Atlantique (ligne à grande vitesse N°2) est prononcée par décret le 5 juin 1985. Les premiers travaux débutent la même année.

1986

En janvier 1986, réunis à Lille, Margaret Thatcher, Premier Ministre britannique, et François Mitterrand, Président de la République française, décident la construction du tunnel ferroviaire sous la Manche.
En août 1986, Philippe Essig, Président de la SNCF, présente au gouvernement le projet du prolongement de la LGV Sud-Est de Lyon à Valence (TGV Rhône-Alpes). Ce projet a reçu l'approbation du Conseil Général des Ponts et Chaussées.

1987

Le 9 décembre 1987, le gouvernement français prend officiellement la décision d'autoriser la construction du TGV Nord Europe de Paris à Lille et au tunnel sous la Manche et son interconnexion avec les lignes à grande vitesse Sud-Est et Atlantique.

1989

En janvier 1989, le gouvernement demande à la SNCF d'engager les premières études de la ligne nouvelle N°5, le TGV Méditerranée, suivant un tracé en Y vers Marseille et l'Italie et vers Montpellier et l'Espagne.
Le 15 mars 1989, la rame de série n°308 du TGV A circule pour la première fois sur la ligne TGV Atlantique.
Le 20 septembre 1989, Michel Rocard, Premier Ministre, inaugure officiellement le TGV Atlantique

entre Paris Montparnasse et Le Mans (branche Ouest vers la Bretagne).
Le 24 septembre 1989 est mise en service la branche Ouest Bretagne du TGV Atlantique entre Paris et Le Mans, soit 192 km de ligne grande vitesse (300 km/h).
Le 29 septembre, la DUP (déclaration d'utilité publique) de la LN3 (ligne nouvelle à grande vitesse N°3), le TGV Nord Europe, est publiée par décret.
Le 26 octobre 1989, la DUP (déclaration d'utilité publique) de la LN4 (ligne nouvelle à grande vitesse n°4), le TGV Rhône-Alpes, est publiée par décret.
En novembre 1989, les Ministres des Transports européens réunis à La Haye fixent un calendrier de réalisation du TGV Nord Europe en 3 étapes : Paris Lille/tunnel sous la Manche en 1993, Lille-Bruxelles en 1995 et Louvain-Liège-Aix-la-Chapelle et frontière belge Amsterdam en 1998.

1990

Le 18 mai 1990, la rame 325 composée de 3 remorques encadrées par 2 motrices, atteint la vitesse de 515,3 km/h au point kilométrique 166 de la branche Sud-Ouest du TGV Atlantique, à hauteur de Vendôme, remportant le record du monde de vitesse sur rails, inégalé à ce jour.
Le 1er juin 1990, la DUP (déclaration d'utilité publique) de la ligne d'Interconnexion des TGV en Ile de France est publiée par décret.
En juillet 1990, la SNCF remet un rapport sur les différents tracés possibles du TGV Méditerranée au Ministre des Transports.
Le 28 septembre 1990, François Mitterrand, Président de la République, inaugure la branche Sud-Ouest du TGV Atlantique entre Paris Montparnasse, Courtalain et Tours.
Le 30 septembre 1990 est mise en service la branche Sud-Ouest du TGV Atlantique entre Courtalain et Monts par Vendôme.
Le 14 décembre 1990, le caractère européen du projet du TGV Est est confirmé par le Conseil des Ministres de la Communauté européenne.

1992

Dès le début de l'année 1992, 10 kilomètres de la ligne nouvelle n°4 TGV Rhône-Alpes sont opérationnels entre Satolas et St-Quentin-Fallavier pour permettre la desserte de la vallée de la Tarentaise, dans le cadre des Jeux Olympiques de 1992, par train Corail en correspondance avec les avions.
En mai 1992, lors du sommet franco-allemand de La Rochelle, un accord est signé pour la coordination de la construction des infrastructures à grande vitesse entre Paris et Francfort, le TGV Est Européen.
En septembre 1992, huit experts indépendants sont nommés par le Ministre des Transports, Jean-Louis Bianco. Ils rendent un rapport portant sur une étude entre aménagements de lignes existantes et création d'une ligne nouvelle. Leur verdict préconise cette dernière solution pour le TGV Méditerranée.
Le 8 octobre 1992, l'enquête d'utilité publique pour la réalisation du projet TGV Méditerranée est ouverte dans 106 communes, 5 départements et 3 régions. Elle fait suite à 30 mois de concertation sans précédent au cours desquels 2000 réunions ont été organisées pour discuter du projet.
Le 13 décembre 1992, la SNCF met en service la section de Montanay (raccordement avec le TGV Sud-Est) à Saint-Quentin-Fallavier de la ligne TGV Rhône-Alpes pour la desserte de Paris vers les Alpes.

1993

Le 18 mai 1993, François Mitterrand, Président de la République, inaugure officiellement la troisième ligne à grande vitesse française, le TGV Nord Europe entre Paris et Lille.
La ligne TGV Nord Europe entre en service commercial le 23 mai 1993 entre Paris et Arras, puis entre Arras, Lille et Calais, le 26 septembre de la même année.
Le 23 septembre 1993, à l'issue d'un comité interministériel exceptionnel, le

Ministre des Transports tire les enseignements de l'enquête d'utilité publique et précise les décisions de l'Etat sur le contenu du projet du TGV Méditerranée.

1994

Le 9 mars 1994, le Gouvernement détermine l'ensemble du projet du TGV Méditerranée au cours d'une conférence de presse exceptionnelle de MM. Bosson et Barnier. Le dossier est soumis au Conseil d'Etat.
Le 6 mai 1994, Sa Majesté la reine Elisabeth II et le Président François Mitterrand, chacun à bord d'un Eurostar spécial, se rejoignent à Coquelles et inaugurent le tunnel sous la Manche.
Le 18 mai 1994, le Conseil d'Etat donne un avis favorable à la ligne à grande vitesse TGV Méditerranée.
Le 28 mai 1994, la ligne d'Interconnexion des TGV en Ile-de-France est mise en service entre Vémars (ligne TGV Nord) et Crisenoy (TGV Sud-Est). Le trajet de Lille à Lyon s'effectue en 3 heures, sans passage par Paris.
Le 2 juin 1994, le Journal Officiel publie le décret d'utilité publique du TGV Méditerranée signé par le Premier Ministre, le Ministre de l'Equipement des Transports et du Tourisme et le Ministre de l'Environnement.
Le 3 juillet 1994, la ligne TGV Rhône-Alpes est mise en service dans sa totalité avec l'ouverture de la section Saint-Quentin-Fallavier à Saint-Marcel-les-Valence. Le temps de parcours entre Paris et Marseille est de 4h15.
Le lundi 14 novembre 1994, les TGV Eurostar relient Paris à Londres et Bruxelles à Londres.

1995

En septembre 1995, les premiers travaux de génie civil du TGV Méditerranée débutent au Nord de Marseille, le contournement Nîmes-Montpellier est différé.

1996

Le 14 mai 1996, la déclaration d'utilité publique reconnaissant l'intérêt et la faisabilité technique de la ligne à grande vitesse du TGV Est Européen est signée.
Le 2 juin 1996, les 25 kilomètres de la branche Ouest de la ligne d'Interconnexion des TGV en Ile de France sont mis en service entre Créteil et le triangle de Coubert. Cette mise en service permet de relier Lille à Bordeaux en 5h04 sans passer par Paris. Elle permet également aux TGV de la ligne PSE (Paris Sud-Est) de bénéficier de la ligne à grande vitesse depuis Créteil (au lieu de Combs-la-Ville).
Le 29 septembre 1996, le TGV assure la liaison directe internationale Paris-Turin-Milan avec des rames tri-courant TGV Réseau.

1997

Le 13 février 1997 est créé RFF « Réseau Ferré de France », gestionnaire de l'infrastructure ferroviaire, aménageur du réseau ferré national et gestionnaire et maître d'ouvrage du TGV Méditerranée.

1999

Le 29 janvier 1999, le protocole d'accord sur le financement et la réalisation d'une première phase du TGV Est Européen est signé entre l'Etat, la SNCF, RFF et les collectivités. La première phase du TGV Est sera construite sur 300 km entre Vaires et Baudrecourt.

2000

En mai 2000, la société d'études Rhealys est créée dans le cadre du TGV Est Européen. Détenue par la SNCF, la DB, les CFL et les CFF, elle est en charge de la définition d'une offre européenne et de ses modalités d'exploitation.
Le 3 octobre 2000, une rame TGV d'essai circule pour la première fois sur la LN5 TGV Méditerranée entre Marseille et Avignon TGV.
Le 7 novembre 2000, la convention de financement du TGV Est Européen est officiellement signée pour la première phase du projet.

2001

Le 17 janvier 2001, la rame réseau N° 531 circule sur la ligne nouvelle TGV Méditerranée à 350 km/h entre Aix-en-Provence TGV

et Valence TGV en présence de Jean-Claude Gayssot, Ministre de l'Equipement, des Transports et du Logement, Louis Gallois, Président de la SNCF et Jean-François Bénard, Directeur général de RFF.
Le 26 mai 2001, la rame TGV n 531 effectue le trajet Calais-Marseille, soit 1067,2 km de ligne nouvelle à grande vitesse, en 3h29. Elle remporte ainsi le record du monde d'endurance à plus de 300 km/h et le record du monde de vitesse commerciale, en circulant à 366,8 km/h avant le franchissement du viaduc de Ventabren sur la ligne du TGV Méditerranée.
Le 7 juin 2001, Jacques Chirac, Président de la République, et Louis Gallois, Président de la SNCF, inaugurent officiellement le TGV Méditerranée en Avignon.
Le 10 juin 2001, la SNCF met en exploitation commerciale la ligne TGV Méditerranée entre Valence, Marseille et Manduel. Le temps de trajet entre Paris et Marseille est de 3h00.

2002

Le 28 janvier 2002, Jean-Claude Gayssot, Ministre des Transports, Claude Martinand, Président de RFF et Louis Gallois, Président de la SNCF, lancent officiellement les premiers travaux du TGV Est Européen.

2003

Le 30 janvier 2003, la SNCF commande à Alstom-Transport 15 rames TGV POS (Paris-Ost Frankreich/Süd Deutschland) pour la future desserte du TGV Est Européen.
Le 28 septembre 2003, les Eurostar réduisent leur temps de parcours entre Paris et Londres à 2h35 grâce à la mise en service de 74 km de ligne nouvelle à grande vitesse en Grande-Bretagne.
Le 28 novembre 2003, Louis Gallois, Président de la SNCF, célèbre officiellement le milliardième voyageur TGV à grande vitesse en 22 ans d'exploitation du réseau TGV, Thalys et Eurostar.

2004

Le 19 octobre 2004, Gilles de Robien, ministre des Transports, pose le 1er rail du TGV Est Européen près de Saint-Hilaire-au-Temple dans la Marne, en présence de Jean-Pierre Duport, Président de RFF, et de Louis Gallois, Président de la SNCF.
Le 6 décembre 2004, première circulation de l'iDTGV entre Paris et Toulon.

2005

Le 8 septembre 2005, la première rame TGV « nouveau design intérieur », relookée par Christian Lacroix, est officiellement présentée à la presse et au public.
Le 8 décembre 2005, Louis Gallois, Michel Boyon et Jean Reno inaugurent la nouvelle desserte en TGV de Paris à Saint-Malo.

2006

Le 6 avril 2006, inauguration du Technicentre Est Européen (en proche banlieue est) pour la maintenance des TGV.
Le 14 juin 2006, création, à Berlin, du réseau à grande vitesse européen RAILTEAM réunissant les principaux services à grande vitesse européens proposés par la SNCF, le DB, les ÖBB, les CFF, les NS et la SNCB
Le 25 juin 2006, la SNCF met en service 4 allers-retours en TGV entre Paris, Metz et Luxembourg par la ligne classique en remplacement des trains Corail.
Le 3 juillet 2006, signature de la convention de financement de la branche Est du TGV Rhin-Rhône à Cubrial dans le Doubs en présence de Dominique Perben, ministre des Transports. Lancement des travaux de la première section.

2007

Le 10 juin 2007, mise en service du TGV Est Européen entre Vaires-sur-Marne et Baudrecourt. Le temps de parcours entre Paris et Strasbourg est de 2h20.

410 rames TGV

Situation au 01-07-2006

Rames TGV Sud-Est :

110 rames bi-courant (1,5 kV cc, 25 kV 50 Hz)
98 rames bi-courant (1,5 kV cc, 25 kV 50 Hz)
9 rames tri-courant pour la desserte de la Suisse (Lausanne, Berne, Zurich) (1,5 kV cc, 25 kV 50 Hz, 15 kV 16 2/3 Hz)
3 rames postales et demi
Mise en service en 1981
Composition : 2 motrices encadrant 8 remorques
368 places
Après Rénovation « Méditerranée » :
345 places
Vitesse limite : 270 km/h, 300 km/h après rénovation
Puissance : 25 kV=6450 kW
1,5 kV=3100 kW   1,5 kV16 2/3=2800 kW
Longueur : 200,190 m.

Rames TGV-Atlantique

105 rames bi-courant (1,5 kV cc, 25 kV 50 Hz)
Mise en service en 1989
Composition : 2 motrices encadrant 10 remorques
485 places
Vitesse limite : 300 km/h
Puissance : 25 kV=8800 kW   1,5kV=3600 kW
Longueur : 237,590 m.

Rames TGV Réseau

87 rames :
48 rames bi-courant (1,5 kV cc, 25 kV 50 Hz)
39 rames tri-courant pour la desserte de la Belgique et des Pays-Bas et de l'Italie (dont 10 rames en livrée « Thalys »)
Mise en service en 1993
Composition : 2 motrices encadrant 8 remorques
377 places
Vitesse limite : 300 km/h
Puissance : 25 kV=8800 kW   1,5 kV=3680 kW
3 kV=3680 kW
Longueur : 200,190 m.

Rames Eurostar

16 rames
13 rames tri-courant pour la relation Paris, Londres, Bruxelles (3 kV cc, 25 kV 50 Hz, 750 V cc)
3 rames tri-courant affectée à la desserte Paris-Lille :
Mise en service en 1994
Composition : 2 motrices encadrant 18 remorques
770 places
Vitesse limite : 300 km/h
Puissance : 25 kV=12240 kW
3 kV=34000 kW   1,5 Kv 750 V=3400 kW
Longueur :393,720 m.

Rames Thalys

6 rames quadri-courant aptes à circuler en France, Belgique, Pays-Bas et Allemagne (1,5 kV cc, 25 kV 50 Hz, 15 kV 16 2/3 Hz, 3 kV cc) :
Mise en service en 1997
Composition : 2 motrices encadrant 8 remorques
377 places
Vitesse limite : 300 km/h
Puissance : 25 kV=8800 kW   15 kV=3680 kW
3 kVcc=5160 kW   1,5 kVcc=3680 kW
Longueur : 200,190 m.

Rames TGV Duplex

88 rames bi-courant (1,5 kV cc, 25 kV 50 Hz)
Mise en service en 1997
Composition : 2 motrices encadrant 8 remorques
516 places
Vitesse limite : 300 km/h
Puissance : 25 kV=8800 kW   1,5 kV=3680 kW
Longueur : 200,190 m.

Rames TGV POS Paris Ost Frankreich Sud Deutschland

1 rame tri-courant (1,5 kV cc, 25 kV 50 Hz, 15 kV 16,2/3 Hz)
Mise en service en 1997
Composition : 2 motrices encadrant 8 remorques
Vitesse limite : 320 km/h
Puissance : 25 kV=9200 kW
1,5 kVcc=3700 kW   15 kV=6800 kW

Récapitulation du parc TGV au 1er juillet 2006

TGV SUD-EST Bi-courant Tri-courant	 98 9
TGV ATLANTIQUE	105
TGV RESEAU Bi-courant Tri-courant Thalys Paris-Bruxelles-Amsterdam	 48 29 10
EUROSTAR Tri-courant Paris Londres Tri-courant Paris Lille	 13 3
THALYS Paris Bruxelles Cologne Amsterdam	 6
TGV DUPLEX	88
TGV POS	1
TOTAL PARC TGV	410

Autres rames TGV :

Type de Rame	Nombre	Propriétaire
THALYS quadricourant	7 2 2	SNCB Belgique NS Pays-Bas DB AG Allemagne
EUROSTAR EUROSTAR « nord de Londres »	11 4 7	BR/EPS Grande Bretagne SNCB Belgique BR/EPS Grande Bretagne
TGV Sud-Est postal	3	La Poste
TOTAL	36	

Rames TGV en commande et en attente de livraison :

Type de Rame	Nombre	Propriétaire
DUPLEX	44	SNCF
POS Tri-courant TGV Est Européen	18	SNCF
TOTAL	62	

Sommaire détaillé

Remerciements

Je tiens à remercier Josette Martinage, Vincent Deloménie, Christophe Recoura, Dominique Paris et Michèle Mirville.

Crédits iconographiques

©Philippe Mirville

p. 11, 12, 13, 14, 18, 19 (b), 21, 22, 23, 24, 25, 29, 32, 33, 35, 36, 37, 38, 39, 40, 41, 43, 45, 47, 50, 51, 52, 53, 54, 56, 58, 59, 60, 61, 62, 63, 64, 65, 69, 70, 71, 74, 75, 76, 78, 79, 80, 81, 82, 83, 84, 87, 91, 92, 93, 94, 95, 96, 99, 101, 102, 103, 104, 105, 106, 107, 108, 109, 116, 120, 121, 122, 124, 125, 126, 127, 130

p. 13 (en bas) : ©SNCF-CAV 1955
p. 15 : ©SNCF-CAV 1970
p. 17 : ©SNCF-CAV 1972
p. 19 (b) : ©Alstom
p. 26 : ©SNCF-CAV Michel Henri (1981)
p. 27 : ©SNCF-CAV Bruno Vignal
p. 28 : ©SNCF-CAV Bruno Vignal (1981)
p. 48 et 49 : ©SNCF-CAV Patrick Olivain (1990)
p. 55 : ©SNCF-CAV Jean-Jacques d'Angelo (1995)
p. 66 : ©SNCF-CAV Dany Piczulski
p. 72 : ©SNCF-CAV Bruno Vignal
p. 73 : ©SNCF-CAV Philippe Giraud (TDS)
p. 88 et 89 : ©SNCF-CAV Jean-Marc Fabbro (2006)
p. 100 : ©SNCF-CAV Jean-Marc Fabbro
p. 110 : ©SNCF-CAV Philippe Fraysseix (2002)
p. 111 (en bas) : ©SNCF-CAV Bruno Vignal (1982)
p. 111 (en haut) : ©SNCF-CAV Sylvain Cambon (2005)
p. 112 : ©SNCF-CAV Arnaud Fabre
p. 30, 31, 114, 115, 118, 119, 128 : © documents SNCF
p. 128 : ©Christophe Recoura
p. 129 : ©Alain Pras

1e de couverture : ©Philippe Mirville
4e de couverture : ©Philippe Mirville

Directeur de collection
Jean-Paul NADDEO

Responsable Editorial

Audrey DEPLATIERE

Création graphique et maquette

Sylvain KASLIN
Joséphine CORMIER

Impression

E3 Expansion
38, rue Vauthier – 92100 Boulogne – France

Timée-Editions

66, rue Escudier – 92100 Boulogne – France
www.timee-editions.com